JN039036

VTUBER DESIGN BOOK

VTuber
デザイン大全

監修

小栗さえ

Sae Okuri

KADOKAWA

はじめに

このたびは『VTuberデザイン大全』を見つけてくださりありがとうございます。

本書はこれからVTuberを目指す皆さん、現在VTuberとして活躍している皆さんの魅力を、デザインの力によってさらに引き上げることを目的に作られたデザイン参考書です。

VTuberの活動にあたって、コンテンツ制作は避けて通れません。ですがVTuberのデザイン制作に関わる知見を持った状態で始めることができるケースは稀で、個人で活動を始められる方ならなおさら、デザインのクオリティに関するハンデは大きいでしょう。

本書は基礎的なノウハウ解説から、プロクリエイターおよび第一線で活躍するVTuberの実践的な作例の数々まで掲載し、初学者の方からある程度知識のある方まで幅広く満足いただける一冊に仕上げました。皆さんの活動が、一層洗練され華やかになることを願っています。

（小栗さえ）

CONTENTS

Part 1

Pick up ♡ Talent

Part 2

VTuberになるための基本解説

Part 3
実例で学ぶ クリエイティブ

カバーイラスト　色塩
デザイン　佐藤ジョウタ（iroiroinc.）
DTP　村岡志津加（Studio Zucca）
校正　みね工房
編集協力　飯田みか、モンブラン
編集　仲田恵理子

＊一部の企業をのぞいて©表記は割愛させていただきましたが、本書に掲載した作例にはすべて著作権があり、無断で複写・複製することは禁じられています。
＊本書の内容によっていかなる損害が生じても、監修者および株式会社KADOKAWAのいずれも責任を一切負いかねます。
＊記載されている情報は2024年4月時点のものです。
＊解説に記した機能などは、お使いのアプリケーションソフトによっては名称が異なったり、搭載されていなかったりすることがあります。

解説協力 / 作例提供 / 記事提供：色塩、ごごん、モンブラン、九埜かぽす
作例提供：子舘ぽて 、花城まどか、memeno、白ぬこ、一束、僵尸パア、沙雨イニ、夜枕ギリー、kentax、
えがきぐりこ、唐揚丸、素材屋あいりす、清涼院ラムネ、蓬莱軒、ミア=アンベル、ほなみり
ストック画像（p.56）：PIXTA

Pickup Talent

犬山たまき、しぐれうい、カグラナナ――人気・実力トップレベルのVTuber 3名が登場。犬山たまきさんによる、実際に配信で使われたサムネイルの作り方も紹介します。

犬山たまき

Inuyama Tamaki

男の娘VTuber。喋ったり歌ったり、変わった企画をやるのが大好き。のりおママにこき使われながら、毎日活動を頑張っています。バブみがある人が好きで、常にママになってくれる人を探している。

キービジュアル・立ち絵

キャラクターデザイン：佃煮のりお
立ち絵作画：姫咲ゆずる

©のりプロ

Inuyama Tamaki

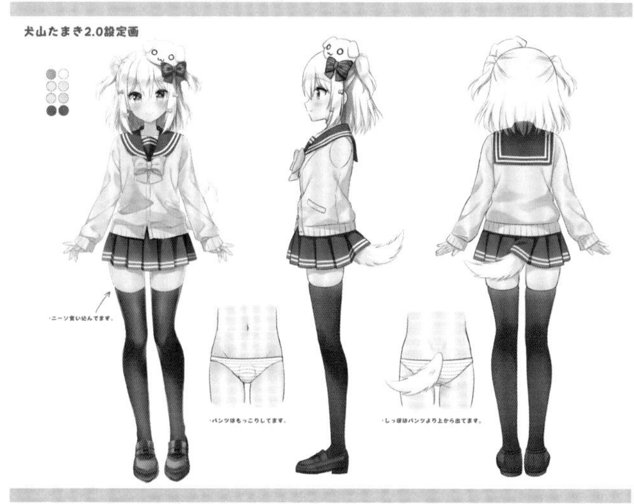

犬山たまき2.0設定画
・ニーソ食い込んでます。

・しっぽはパンツより上から出てます。

©のりプロ

キャラクターデザイン・三面図

三面図衣装デザイン:佃煮のりお　三面図作画:姫咲ゆずる

COMMENTS
通常 ここにコメントが入ります1234567890
メンバー ここにコメントが入ります1234567
モデレーター ここにコメントが入ります123
チャンネル管理者 ここにコメントが入ります
NAME ここにコメントが入ります12345678
NAME ここにコメントが入ります12345678
NAME ここにコメントが入ります12345678
NAME ここにコメントが入ります12345678
HASHTAG
#ここにハッシュタグ
犬山たまき
佃煮のりおチャンネル

©のりプロ

配信オーバーレイ

デザイン:花杜(はなもり)ゆのき　ロゴデザイン:木緒(きお)なち(KOMEWORKS)

©のりプロ

新衣装お披露目 配信サムネイル

デザイン：鬼灯(ほおずき)わらべ　イラスト：犬山たまき　犬山たまき犬のすがたデザイン：なな

©のりプロ

逆凸 配信サムネイル

デザイン：犬山たまき　イラスト：なな　素材：OKUMONO

Inuyama Tamaki

©のりプロ

チャンネルロゴデザイン

デザイン：木緒なち（KOMEWORKS）

©のりプロ

EDアート

デザイン：手鞠(てまり)カルタ　3Dモデラー：ミューズ

しぐれうい

Shigure Ui

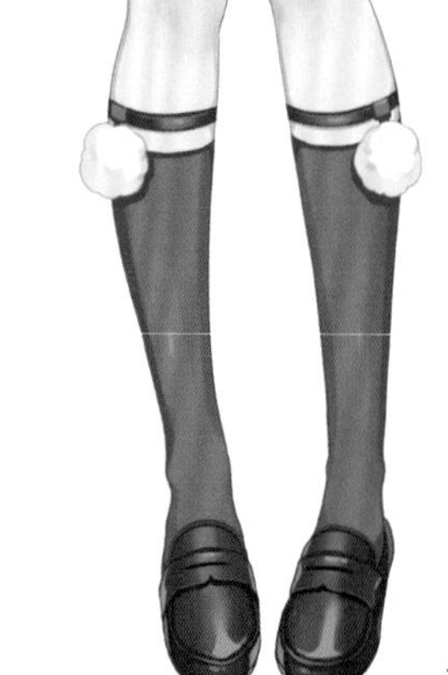

しぐれうい

shigure ui

しぐれういロゴ

ロゴデザイン：ばふぁちゅう

お絵描きと女子高生が好きな16歳(仮)。本職はフリーのイラストレーター。ライトノベルの挿絵、ゲーム、TCGのイラスト、VTuber『大空スバル』など幅広く担当している。

©しぐれうい

キービジュアル・立ち絵

キャラクターデザイン：しぐれうい

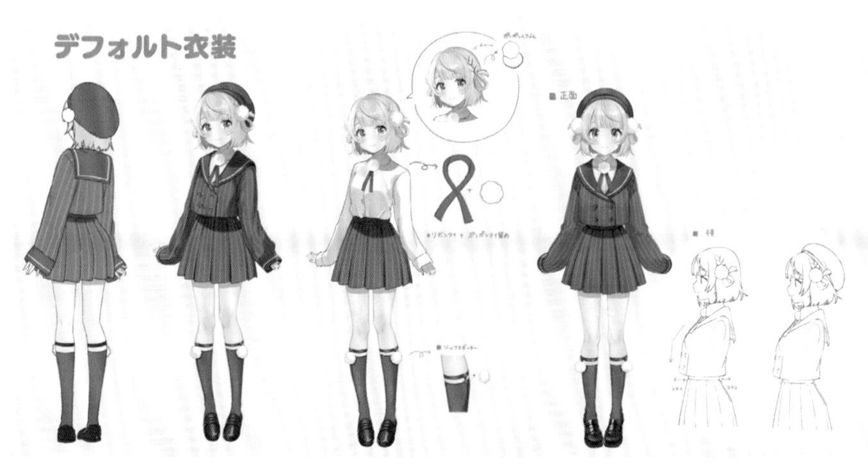

キャラクターデザイン資料

衣装デザイン：しぐれうい

配信オーバーレイ

デザイン：ばふぁちゅう

【#しぐれうい3D】やっと目が合ったね 配信サムネイル

デザイン：しぐれうい

4周年を迎えたしぐれういって一体何者!? 配信サムネイル

デザイン：しぐれうい

【お絵描き講座?】イラストを改造しても～っと可愛くさせる 配信サムネイル

デザイン:しぐれうい

設営完了しました 配信サムネイル

デザイン:しぐれうい

カグラナナ

Kagura Nana

唐辛子星からやってきたイラストレーター兼VTuber。地球を辛略するためにやってきたものの、地球の音楽・アニメ・ゲームなど娯楽にどっぷり浸かってしまっている。辛い食べ物とホラー作品が大好き。武道を得意としており、3D配信でお披露目をしている。

キービジュアル・立ち絵

キャラクターデザイン：ななかぐら

Kagura Nana

制服衣装
デザイン：ななかぐら

私服衣装
デザイン：ななかぐら

アーティスト衣装
デザイン：ななかぐら　3Dモデリング：どっと

新衣装お披露目 配信サムネイル
デザイン:僵尸パア

40万人記念Live2D 配信サムネイル
デザイン:僵尸パア

Kagura Nana

チャンネルロゴサイン

デザイン：ばふぁちゅう

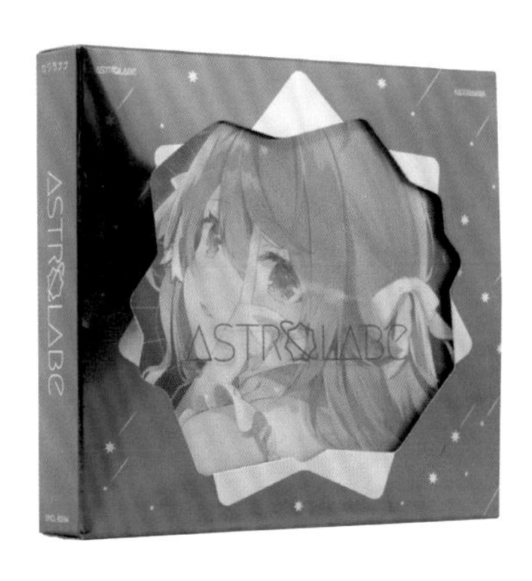

アルバムジャケットイラスト

イラスト：ななかぐら　デザイン：Kaoru Miyazaki

特別
解説

THE
SPECIAL LECTURE
to become a VTuber

＼ 大人気VTuberに聞く ／
視聴者を逃さない サムネイル作りの極意

「サムネイルは動画における『玄関』。玄関が汚い家には入りたくないですよね？　なので、皆さんを綺麗なお家にお迎えするために、毎回こだわって綺麗なサムネイルを作っています」という人気クリエイターでVTuberの犬山たまきさんから、配信の玄関であり、看板でもあるサムネイル作りの極意を伝授してもらいます。

（解説：犬山たまき）

STEP 1

素材を選んで デザインラフを作成

ここが決まらないうちは、細かい調整には進みません

サムネイルのイメージ固めと素材選びが最初のステップ。特にボクはキャッチコピーを決めるのに時間をかけますね。YouTubeでは少し強めの単語を使ったキャッチコピーのほうがクリック率が上がるので、サムネイルもそれに合わせてあえてゴシップ調に仕上げることが多いです。

Adobe Photoshopで制作していますが、素材はOKUMONO（https://sozaino.site/）というサイトのものを愛用しています。サムネイルのイメージに迷ったときには、SAMUNE（https://thumbnail-gallery.net/）というサイトを見てインプットします。ひらめくまでには、けっこう時間がかかりますよ。

STEP 2

立ち絵の色味を調整し、フォントと素材を配置する

キャラクターの顔を大きくすればインパクト大です

次のステップでは、色の調整と素材の配置をします。サムネが小さくなったときYouTubeでは濃い色のほうが目立つので、もとの色味よりも強めの色に変えています。色は選んだ背景デザインから取るようにしています。フォントは「パンダベーカリー」が好きですね。

キャラクターは顔をなるべく大きく配置するようにしています。意図的なデザインではない限り、基本的に顔は大きく配置するのをおすすめします。タイトルの位置は視認性優先で、パッと見て一瞬で読めることを重要視しています。

STEP 3

全体の色味を決定して、デザインを整える

色のバランスを見て、何度も調整します

だいたいのカラーリングを決定して、全体のデザインを整えます。YouTubeをポートフォリオのように考えているので、この段階で犬山たまきチャンネルに置けるレベルのクオリティ感でない場合は、かなり時間をかけて調整します。過去の自分のサムネを見返すこともあります。

この段階でサムネイルのサイズを縮小して、YouTubeで表示される際にどれくらい視認性が高いかを確認しておくといいでしょう。文字が小さすぎて読めなかったり、変形しすぎて読めなかったりするのはNGです。

STEP 4

微調整し、デザインを加えて完成

さらに調整……足したり、引いたりの連続です

「逆凸」にさらに注目してもらえるように、文字が浮き出る効果をつけてみました。全体的に白が多かったので、吹き出しの色を変え、特定の色だけを使うことでうるさくならないようにバランスをとりました。色はたくさん使えばいいというわけではないので、この段階で逆に色数を減らすこともあります。

ボクの場合、サムネイルをゼロからデザインすると最低でも3時間くらいかかります。VTuberさんは忙しくてインプットの時間が取りにくいと思いますが、インプット（作品に触れたり勉強したりする）8割、アウトプット（配信・動画制作）2割くらいになると、活動も徐々に充実してくると思います。

Part 2

VTUBER DESIGN BOOK

VTuber になるための

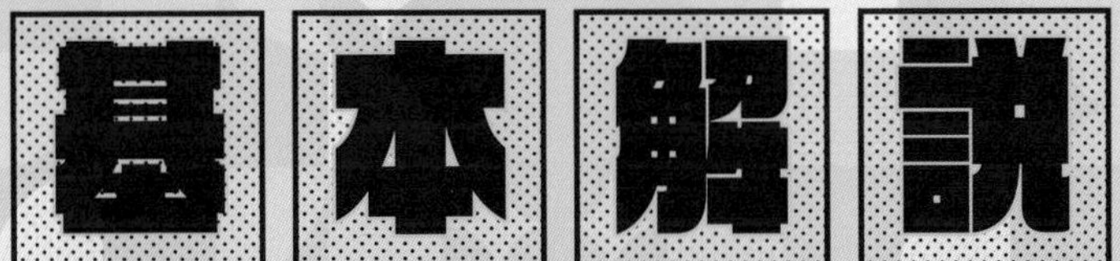

基本解説

VTuberになるために「必要なクリエイティブ」「整えたい制作環境」「デザインの基本のキ」、そしてVTuber特有の「デザインノウハウ」について解説します。

THE

CREATIVITY

to become a VTuber

VTuberになるために！

必要なクリエイティブ

まずは、VTuberとして活動するために必要なクリエイティブ（制作物）を知りましょう。「デビューするまでに何を作る必要があるのか」「制作にはどのような工程があるのか」をわかっておくと、安心して制作に臨むことができます。

活動内容によって制作が必要なものや、その量は変わってきます。制作コストやデビューまでのスケジュールを把握するためにも、作るものはあらかじめしっかり決めておくことが大切です。

タレント協力：子舘ぽて

活動に必要なもの

デビュー前に用意しておきたい
クリエイティブはこの3点！

キャラクター

配信活動をするあなたの分身です。立ち絵（立ち姿）や三面図（3方向から見た図）、さらにそれらをもとにしたパーツ分け（モデリング）やモデルを動かすための設定（リギング）などの工程が必要です。モデリングやリギングはLive2Dクリエイターに発注することが多いです。

配信背景（オーバーレイ）

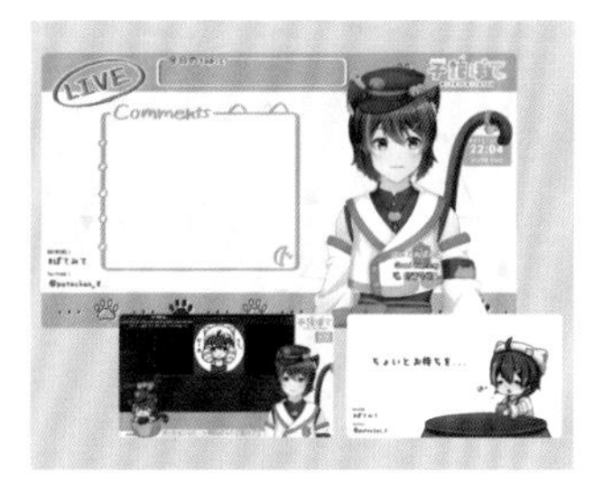

配信するときにキャラクターの後ろに表示する背景画像です。「配信オーバーレイ」などとも呼ばれます。トーク配信／カラオケ配信／ゲーム配信など、配信の形態ごとに、それぞれの内容に応じて用意することが多いです。

SNS用告知画像（サムネイル）

「告知」「ファンとのコミュニケーション」など、VTuberにとってSNSでの発信は必要不可欠です。発信をより豊かに表現する「SNS用の画像」の作成も、大事な活動のひとつになります。

基本解説

活動を彩る周辺クリエイティブ

あなたのキャラクターや活動を、より深く
理解してもらうために、あるといいもの

キービジュアル

配信サムネイルや企画の紹介などで汎用的に使える、宣伝用の一枚絵。基本のキャラクターデザインをもとに作られ、表情やポーズを決めたもの。性格やバックストーリー、情景などを伝え、背景なしで作る場合と背景をつけて作る場合があります。

ロゴ

活動名やチャンネル名を、あなたらしい要素で彩った装飾品。あなた自身を"容姿"以外の要素で認識させます。イラストやグッズなどに入れておけば、あなたの特徴をより認識してもらいやすくなります。

活動スケジュール

未来の活動をまとめた告知用の画像。定期的にアップデートするものなので、テンプレートを整えておけば省力化できます。

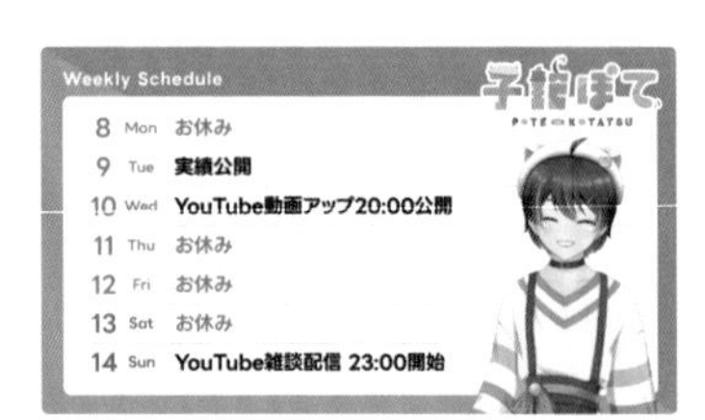

より活動の幅を広げるクリエイティブ

より多くの人を惹きつけ、魅力を伝えるために
あるとよく、いずれ必要になるもの

切り抜き動画

配信の見どころをギュッと詰め込んだ短編動画。字幕入れなどのデザインスキルのほか、効果音や視覚効果を入れる動画編集スキルも必要になります。

企画用ビジュアル

あなたの企画やイベントを視聴者や参加者に"正しく"伝えるための画像や動画。企画の説明で必然的に文字量が多くなるので、文字組みや情報の優先度などを考える必要があります。ポスターのような役割です。

オリジナルグッズ

グッズはファンにとって「推しを日常生活に落とし込める」特別感の高いアイテム。印刷方法や素材、オプションによって仕上がりが大きく変わるので、印刷に関わるデザイン知識も必要になります。

基本
解説

THE
ENVIRONMENT
to become a VTuber

＼ VTuberになるために! ／

制作環境を整えよう

VTuber活動におけるデザイン制作は、キャラクターデザイン、配信サムネイル、配信（オーバーレイ）画面など、多岐にわたります。VTuberとして準備や活動をしていると、デザイン制作以外の作業も多くなりがち。早いうちに効率的かつ高機能な制作環境を整えてしまいましょう。

ここではVTuberとしてデザイン制作をする際に必要な「制作環境」について紹介します。

制作に必要な機器

クリエイティブ制作に必須のハードウェア。パソコンが主流ですが、タブレットやスマートフォンでも作業はできます。特にショート動画などは、スマホのほうが簡単に作れることもあります。

ハードウェアそれぞれの特徴

パソコン(PC)

配信活動だけでなくクリエイティブ制作にも必須です。デザイン業界ではAppleのMacが主流ですが、VTuberには対応アプリが豊富なWindows機が適します。動画編集をするならグラフィックボードの性能も重要。

タブレット

付属のタッチペンなどを用い、イラスト制作などに用いられることが多いです。デザイン系のアプリも意外に選択肢が多く、画面の大きさを活かしながら直感的に操作できるのが魅力です。PCで配信し、タブレットで配信内容を確認するのも便利です。

スマートフォン

一見、クリエイティブ制作には不向きのようですが、スマホひとつでデザインや映像編集ができるアプリはたくさんあります。YouTubeや専用アプリでも縦型配信が普及して、配信者・視聴者ともに利用する頻度や需要が増えています。

デザインアプリと素材

ハードウェアの準備ができたら、次は配信画面やSNSへ投稿するのに使う素材やアプリケーションを用意する必要があります。ハードウェアは使い勝手に、素材とアプリケーションはクオリティに直結してくるので、しっかりと用意しましょう。

素材を使う際は「著作権」と「利用範囲」の確認を！

素材の著作権は作成した本人にあり、勝手に使うことはできません。著作者やサービスによって「商用利用不可」など使える範囲が限られていることもあるので、他者が作った素材を利用する際には必ず制作元の利用規約やガイドラインをチェックしてください。

クリエイティブを制作するうえで、制作ツールも欠かせません。用途によって使うアプリが変わるので有料アプリを購入する場合は慎重に！

主なデザインアプリ

- イラスト：CLIP STUDIO PAINT、Procreate、Adobe Photoshop
- モデル：Live2D Cubism、VRoid Studio、Animaze by FaceRig
- グラフィック：Adobe Photoshop、Adobe Illustrator、Canva
- 映像：Adobe Premiere Pro、DaVinci Resolve

クリエイティブの制作を支えるフォントやビジュアルなどの素材も、自分のスタイルやテーマに合わせて選ぶことで、クオリティがアップします。

デザイン素材

- **フォント** 有料のほうが選択肢は豊富だが、無料で使えるフォントを提供しているサービスもある。
- **イラスト素材** イラスト、アイコン、写真などの素材を扱うサービスを利用してビジュアルを補うのも有効

- **VTuber用素材** クリエイターがSNSを中心に無料公開することも多いVTuber向けの素材。「#おはようVTuber」などの語で検索できる。

基本解説

THE

DESIGN BASICS

to become a VTuber

＼ VTuberになるために! ／

デザインの基本のキ

視聴者を魅了するビジュアル作成は大事なポイントですが、デザインが初めての方には、何から手をつけていいかわからないかもしれません。そこで役立つのが、強弱・整列・近接・反復という「デザインの4大原則」です。

ここでは、実際のVTuber活動に使用するクリエイティブを使って、アンチパターンを交えながらデザインの4大原則を説明します。

強弱

大きさや色などの「コントラスト」で、目を引くデザインに

強弱（コントラスト）をつけることで、特定の文字やコンテンツを際立たせることができます。例えば暗い背景に明るい文字を置くと、その文字がぐっと目立ちます。大きなタイトルと小さな説明文を組み合わせれば、**どこに注目すればいいのか、自然に目線を誘導**できます。

コントラストは色・サイズ・形・テクスチャーなど、さまざまな方法で作り出すことができます。

「初配信告知用サムネイル画像」の例

Bad...

一見悪くないデザインに見えるが、全体的に文字サイズが同じぐらいになっているため、何を伝えたいかがわかりづらい。

Good!

「初配信」の文字を一番大きく、それ以外を小さくすることで、「初配信」がより際立つビジュアルに。

その2

整列

要素を規則的に並べて、読み取りやすく

テキストや画像などの要素を整列させることで、すっきりした印象を与えることができます。それだけではなく、**情報を効率的に理解してもらう鍵**にもなります。整列とは、左揃え・右揃え・中央揃えなど、規則性を持って並べることです。どのような規則性にするかは、目的に合わせて考えましょう。

整列を適切に使うことで、デザインは整理され、情報が読み取りやすくなります。

「活動スケジュール画像」の例

Bad...

文字情報がバラバラで、一番見せたい配信内容（情報）よりも、レイアウトに目がいってしまう。

Good!

スケジュールを左揃えに整列することで、配信内容に目がいきやすくなった。

その3

近接

“まとまり”を作って情報に関連性を作ろう

近接させる、つまり関連するアイテムを物理的に近づけることで、関連性を一目でわからせることができます。ひとつのトピックに関するテキストと画像を近くに配置すれば、それらが関連する情報であることを視覚的・直感的にわかってもらえます。

こうした物理的な距離が近いと、**視聴者はデザインを通じて提供される情報の流れや構造を、より簡単に理解できます。**

「作業配信用サムネイル画像」の例

Bad...

作業配信の文字間が空いていたり、位置関係がバラバラな状態だったりして、全体的に煩雑な印象に。

Good!

文字とイラストをひとまとまりにすることで視認しやすく、ロゴはあえて離すことで別の情報として捉えやすくなった。

その4

反復

規則を作って、デザインに統一感を持たせよう

反復はデザイン全体に一貫性と調和をもたらします。例えば、特定の色、フォント、または形状を繰り返し使うことで、**全体で統一感を保ち、プロフェッショナルな印象を与える**ことができます。

反復はブランドアイデンティティを強化するのにも役立ちます。同じロゴやスローガン、色調を使い続けることで、視聴者はそれを見ただけであなたやあなたのチャンネルを思い出すようになります。

「活動スケジュール画像」の例

Bad...

形、色、サイズ、フォントなどに規則性がないために、統一感がなく、視認性も低い。

コンテンツの有無でデザインを変えるなど、規則性を持たせてフォントや体裁を揃えたことで、一気に引き締まったデザインに。

誰のためのデザイン？

ここでご紹介してきたデザインの4大原則（強弱・整列・近接・反復）は、グラフィックデザイン、Webデザインなど、VTuberに限らずさまざまなデザインで用いられています。
この4大原則はデザインを見やすく、わかりやすくするものですが、それは「伝えるため」というひとつの目的を実現するための手法にほかなりません。

デザインのすべては、自分ではない他者に対して向けられるものです。4大原則も「どうすれば効率よく、かつ狙いどおりに伝えることができるのか」の技術的なノウハウです。
VTuberは、たとえ事務所に所属することはあっても、基本的には自分一人で考えることが多いため、視野が狭くなりがちです。だからこそ「みんなにはどう伝わるんだろう」「こういった見せ方で問題ないかな?」といったクリエイティブを見る側の客観的な視点がより重要になります。

クリエイティブの制作で行き詰まったり、うまくいかないと感じたりしたときには、休憩がてら「誰に向けたデザインだっけ?」と思考を一度リセットするといいかもしれません。

基本解説

THE
DESIGN SKILLS
to become a VTuber

制作に役立つ!
デザインノウハウ

ここまではデザインの基本原則について解説してきましたが、ここからはVTuber活動における特有のデザイン要素、視覚的な魅力の作り方、そしてデジタル世界での個性の表現方法に焦点を当てていきます。

この特徴を理解して、よりVTuberらしさのあるクリエイティブを磨いていきましょう。

POINT 1

「どうなりたいか」「どうありたいか」をデザインする

自由にできるからこそ、立ち位置をしっかりと決める

VTuberの最大の魅力といえば、「すべてをゼロから作れる」こと。あなたの「なりたい（ありたい）姿」を、あなたの意思で自由に表現できます。でもそれには、それが**どういう「姿」なのか、言葉にする必要があります。**

自分のことをどう見てもらいたいのか、何を身にまとえば楽しく活動できるのか、印象づけたい特徴など、**自身のVTuberとしての姿を単語だけでもいいので書き出す**ところから始めましょう。そうすれば、キャラクターデザインをはじめとする今後のクリエイティブ制作はもちろん、外部のクリエイターへ依頼するときにも役立ちます。

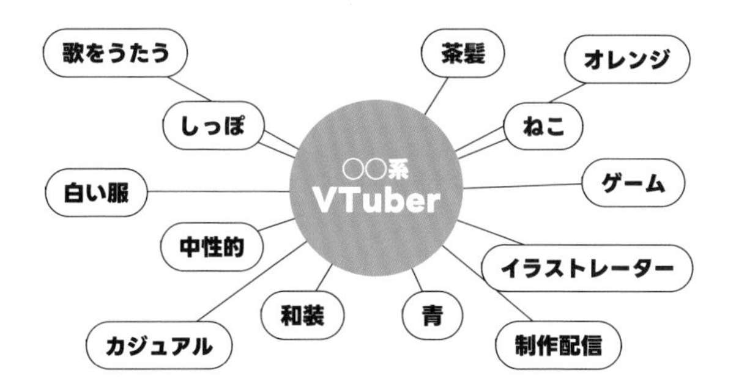

VTuberの特徴（性格など）を言語化した例。キャラクターデザインやロゴデザインでも大事なアイデアのヒントになる

POINT 2

VTuberならではのビジュアルを意識した世界観作り

周辺デザインやSNS画像にも自分の「色」を出そう

VTuber活動ではキャラクターデザインだけでなく、その周辺デザインもあなたの思いどおりに作り上げることができます。そして、VTuberの声や態度はもちろん、**クリエイティブ全体（画面に映るものすべて）の方向性やクオリティが、視聴者の体験に大きく影響**します。

POINT 1で言語化した内容やキャラクターデザインなどをもとにしながら**「色」「特徴（トレードマーク、シンボルなど）」を周辺デザインに取り入れる**といいでしょう。統一感のあるデザインになり、配信画面やSNSでの発信を通して「自分の世界観」が視聴者に伝わりやすくなります。

あなたのやりたいことを世界観から作り上げて表現できるのもVTuberの魅力

POINT 3

さまざまなジャンルやテーマと「らしさ」のバランスを考える

「変わる」ために、「変えない」ところを決める

「〇〇系VTuber」などコンセプトを持って活動している方も、いろいろな企画や配信などに挑戦していくなかで、**周辺デザインの変更や、新衣装の追加や、キャラクター・ビジュアルの変更などをする必要が出てくる**ことがあります。

方針を変更する場合も、POINT 2で記した色や特徴を軸に考え、**「新たに取り入れるもの」や「変えないもの」を意識してデザイン**しましょう。そうすれば「あなたらしさ」を保ち続けながら、視聴者に新鮮さを提供し続けることができます。

VTuberぽてちゃんのビジュアルリニューアル前後のキャラクターとロゴ。色合い・衣装は変化しているが、それ以外の要素は大きく変えていない

POINT 4

やることが多いVTuberだからこそ仕組み化する

フォーマットを作成してクリエイティブ制作を効率化しよう

VTuberは個人で活動しているか、事務所に所属しているかに関係なく、自分で準備するものがたくさんあります。活動に大事なことに費やす時間を作るためにも、仕組み化はとても重要な要素。クリエイティブ制作においてサムネイルやSNS画像などの**「テンプレート化」はデザインの一貫性を保ちつつ、作業を最小限に抑える有効な手段**です。

フォントや配色、パーツなどを固定化したり、常に使うテキストや言い回しなどをメモに控えておいたりして、変えないところを決めることで時間の短縮に繋がります。

サムネイルの「テンプレート化」の例。イラスト以外（フォント、アイコン、外枠）は変えず、色も基本の色などを決めて使い回している

まとめ

VTuberとしての「ブランディング」を意識する

活動のすべてが「ブランディング」に直結すると肝に銘じよう

ここまで解説したことを一言にまとめれば「ブランディングを意識する」ということになるでしょう。ブランディングに成功するには、自分と他者との違いを明確に伝え、視聴者の記憶にしっかり残る必要があります。既視感があると埋もれてしまうので、少しでも差別化し、あなたらしい表現を目指しましょう。

POINT 1 ～ 4をブランディングの観点から言い換えると、次のようになります。

POINT 1……**「自分らしい」ブランドを設計する**
POINT 2……**ブランドの「一貫性」を保つ**
POINT 3……**ブランドを変える場合の注意点**
POINT 4……**ブランドを維持するための時短術**

これがブランディングの基本であり、デザインノウハウにも繋がる秘訣です。

なお、デザインについて考える前に、まずは**「あなたらしさ」を見極めて**ください。人気が出れば出るほど多忙になっていくVTuber活動において、軸をぶらさないことはブランディングの観点からも大切です。

基本解説

センスは「知識」と「判断」から生まれる

グラフィックデザイナーという仕事をしていると、常にどこかから「センス」という単語が飛んできます。
「センスがいいですね!」
「ロゴを作ってみたいけどセンスがなくて……」
皆さんも「センス」で悩んでいるかもしれません。そこで最後に幾つかセンスを身につける方法についてお話しします。

ひとつはたくさんインプットすること。ロゴであれば、VTuberに限らず、化粧品、ブランド、漫画、ゲームなど、さまざまなロゴを自分の中へインプットしていきます。ロゴに限らず、ロゴが関わるユニフォームやパッケージなど、いろいろな分野からインプットすることが重要です。
もうひとつはインプットしたものを自分なりに判断すること。「好き・嫌い」「このジャンルではこのデザイン」といった「こういうもの」を自分の中に決定づけていき、それが自分のまわり、はたまた世間と一致しているかどうか常に答え合わせすることを意識すると、少しずつ自分の「センスの引き出し」が増えていきます。

センスは一夜にして身につくものではありません。自分の中でコトコトとじっくり煮込むように、焦らず育てていきましょう。

Part 3

VTUBER DESIGN BOOK

実例で学ぶクリエイティブ

「キャラクター」「サムネイル」「ロゴ」「オーバーレイ」のデザインについて解説し、それぞれで活躍するクリエイターたちが自身の作例を紹介します。

プロクリエイターから教わろう!

Section 1

実例で学ぶ

キャラクターデザイン

最も力を入れたいのは、自分の分身となるキャラクターですよね。そこに命を宿すには、売れている要素や好きな属性を取り入れるだけでなく、「演じたい人柄」「やりたい配信」と、キャラクターのイメージをマッチさせることが重要です。

色塩さんはキャラクターデザインを依頼されたらまず何を意識なさいますか?

VTuberを目指す
かけだしVさん

本人の人柄にマッチさせたり、あえてマッチさせずにギャップを出したり。私の個性も光らせたいですね

イラストレーター
色塩さん

キャラクターデザインはイラストとは違う

キャラクターデザインはイラスト1枚を描いて終わりではありません。三面図（立ち絵）、表情集、衣装分解図、キービジュアル（宣伝用の完成形）、ポーズ差分（元絵のポーズを変えたもの）など、作るものは意外と多いのです。

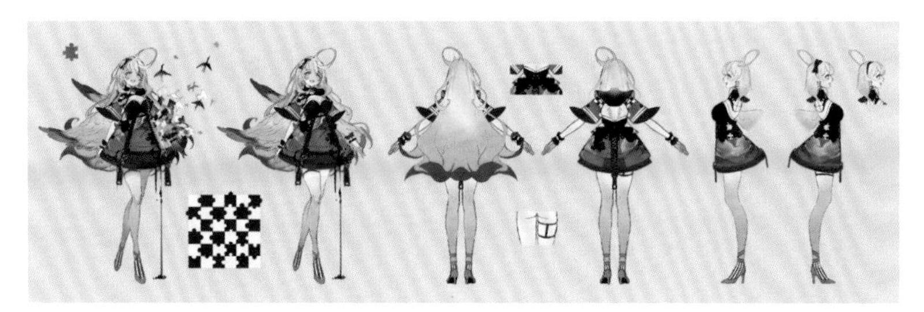

三面図

キービジュアル

表情集

かけだしVさん

なるほど！　どんなアプリで作られるんですか？

色塩さん

私はCLIP STUDIO PAINT（©CELSYS,Inc.）というアプリでラフから線画、着色までやって、仕上げはPhotoshop（©Adobe）を使っています

STEP1

キャラデザに必要な要素を知る

メインテーマ、配色、身体的特徴など、要素は多彩

キャラクターデザインには、次のような要素が必要です。

- ・年齢、身長（頭身）、髪型や髪の色、体つき
- ・メインコンセプト、世界観（時代なども）
- ・イメージカラー（メインカラー、サブカラー）
- ・衣装、持ち物、羽や獣耳などの特殊なパーツ

依頼する際は、テキストだけでなく、テーマや世界観が
伝わる絵や写真（住まいや街並みなど）があるといいですね。
イメージカラーは「暗めの青」ぐらいに絞り込めれば理想ですが
「お任せします」でもだいじょうぶですよ

色塩さん

STEP2

アイデアを練り、膨らませる

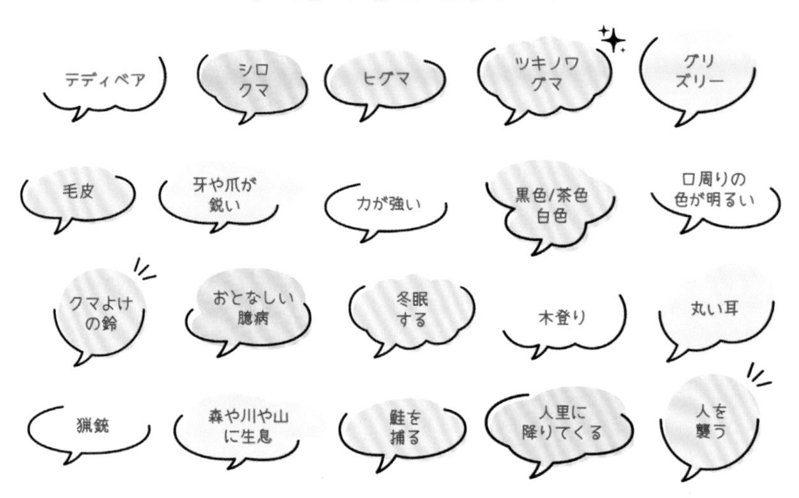

キーワードを書き起こして整理しよう

左ページの要素を考えたら、なるべくメモにしましょう。例えば「吸血鬼だけど女子高生、性格はお茶目」などと書き、そこから枝分かれした細かい設定を文章にする、などです。手書きでもOK、思いつきをどんどん書いていきましょう。アイデアの源泉としては、好きなキャラクターや憧れている人を要素分解したり、「自分は何が好きか、なぜ好きか」を深掘りしたり、現実世界のデザインや意匠を観察したりと、いろいろな手段があります。

「髪はふわふわロングで真ん中分け」「仔犬を飼ってる」とか？

かけだしVさん

色塩さん

はい。書いているうちに設定の矛盾に気づくこともあります。相性も考えて要素を取捨選択していきましょう

FLOWCHART

依頼を受けたプロがキャラクターを作る工程と日数

ラフ、原案出し（4日）

＊キャラクター設定を受け、2、3案を提出
＊細かいフィードバックへの対応も含む

↓

ペン入れ（2日）

＊この時点で担当モデラーさんに確認することも多い

↓

着色・彩色（4~5日）

＊モデルを動かすことを考えて「見えないところ」まで描くため、通常のイラストよりも手間がかかる

↓

細部の修正（1日）

＊各所に細かい修正が発生

↓

差分作成（1~2日）

＊表情だけなど軽微な場合。量によって変わる

↓

仕上げ

このように、実作業だけでも15日以上かかりきりになります（かかる日数は色塩さんの目安）。見積りや設定のヒアリング、確認期間やフィードバック、リテイク（修正）などを含めると、依頼から納品までに2~3カ月かかることがほとんどです。その後のキャラクターモデリング、オーバーレイなど周辺素材の制作も考えると、デビューする予定日の半年前には発注できていると安心です。

細かいパーツ分けや「見えないところ」も描くことが多いので、通常のイラストよりも多くの時間がかかります

色塩さん

モデリング、リギングの工程も意識する

VTuberのキャラクターデザインは「動くこと」を前提に作られます。キャラクターを動かしても綺麗に見えるように、普段は見えない部分まで作り込み、パーツ（目や髪、手足など）分けしながら制作を進めます。表情を豊かにするために、目のパーツだけでも左目・右目を別々に分けたり、眉毛、瞼、虹彩、瞳孔など細かく分けて作ったりします。

顔、髪、アクセサリーなど、パーツを分けながら制作

なかでも意識するのは「リギング」（モデルを動かすために、2Dイラストや3Dモデルに骨や関節を割り当てる作業）の工程です。例えば可動領域の大きい「首」のチョーカーだと、イラストなら少し湾曲させて描きますが、動かすことを考えると逆にピッタリ貼り付けたほうがいいのです。イラストレーターとモデラーが異なる場合は、キャラデザの段階から連携が必要です。

SPECIAL POINT 1

キャラデザ発注で気をつけること

【メインコンセプト】
海の街に住む猫の少女で、爽やかで活発な性格です。年齢は14歳程度で、140cm 5-6頭身ぐらいでデザインしてください。

地中海マリン系のデザインにしてほしく、海賊要素はあまり入れないでください。

海や砂浜、船に乗ることは好きですが、泳げなかったり魚が嫌いだったりします。

【インナーウェア】
白の長袖のブラウスで、フリフリを多めにつけてください。
襟には黒のリボンをつけて、肩が出るようなデザインでお願いします。
ボタンは赤と青を交互に、ブラウスの白と合わせてトリコロールカラーになるように。
袖丈は五部袖くらいで、波をイメージした青の縞模様をあしらってください。

アウターのサロペットで少年感が出るため、インナーで可愛らしさを出したいです。

【持ち物】
常に身につけているものはないですが、サングラス、浮き輪、ビーチパラソルをデザインしておいてほしいです。おしゃれ目だけど大人っぽすぎず、マリン感のあるデザインがいいです。

【しっぽ】
金色と銀色の猫の尻尾をつけてください。まだら模様か縞模様かは決まっていないので、いくつかパターンを作ってください。

【帽子】
紺色の猫耳のついたマリンキャップを被せてください。しっかり被るというよりは、上に乗せるという感じで。つばの根元に白色のベルトをつけてください。

【髪型】
ふわふわの癖っ毛で、肩にかからないぐらいのショートカット。金髪と銀髪が混ざったようなカラーリングでお願いします。同じカラーで猫耳をつけてください。

【瞳】
マリンブルーで、虹彩にキラキラを入れてください。瞳孔は白にしてください。
目尻は少しだけツリ目気味に。

【アウターウェア】
紺色のサロペット、ジーンズ生地で両足にダメージ加工をお願いします。(足は見えてOKです)
裾は大きく広がっていて、動きやすくしてください。

【靴下・シューズ】
白のデッキシューズでお願いします。
靴下はフットカバーで、見えていなくても大丈夫です。

クリエイターへ発注するときに伝えること

発注で伝えることは、たくさんあります。慣れているクリエイターや依頼発注サイトでは依頼用の書式(フォーマット)を用意していることが多いので、その項目を埋め、参考画像なども多めに送ってください。「ほしい表情」や「動かしたいパーツ」など、細かい部分まですり合わせましょう。リテイクはひとつの工程について2、3回までが一般的ですが、最初に回数を取り決めましょう。「著作権の所在」「納品後の改変について」「作者のクレジット表記」なども曖昧だとトラブルの原因になりがちです。イラストレーターに発注する段階で、リギングの担当も決めておくとスムーズです。

かけだしVさん：たくさんあって、抜け漏れが出そうです

色塩さん：私は漏れがないように、リストで最終確認をしてもらいます

SPECIAL POINT 2

リニューアルや新衣装

同じキャラクターの別衣装

リニューアルやモデルチェンジは計画的にやろう

VTuberデビューの記念日やキャラクターの誕生日に、衣装やキャラクターをリニューアルする方は多いです。変更内容によってはキャラクターデザインのときと同じぐらいの時間がかかる場合もあるので、早めに相談して計画的に進めましょう。

モデルチェンジで別人になりすぎて、
ファンが減っちゃったりして……（笑）

かけだしVさん

色塩さん

ふふふ。リニューアルするときには、
なぜリニューアルしたいのかをちゃんと考えてくださいね

色塩

SHOKUEN

イラストレーター

男女を問わずVtuberやゲーム関連のイラストを主に手がけています。キャラクターデザインや豊かな色彩の扱いを得意とし、透明感のあるイラストを制作しています。

作るうえでのこだわりは?

案件内容に即したバランス、
依頼主の求める方向性を踏まえつつ、
自分らしさのあるデザインを作る! ということを意識しています。
また、ぱっと見た瞬間に一番に情報として得やすい
色・シルエットを大事にしています。

瀬尾カザリ©Neo-Porte　イラスト・デザイン:色塩

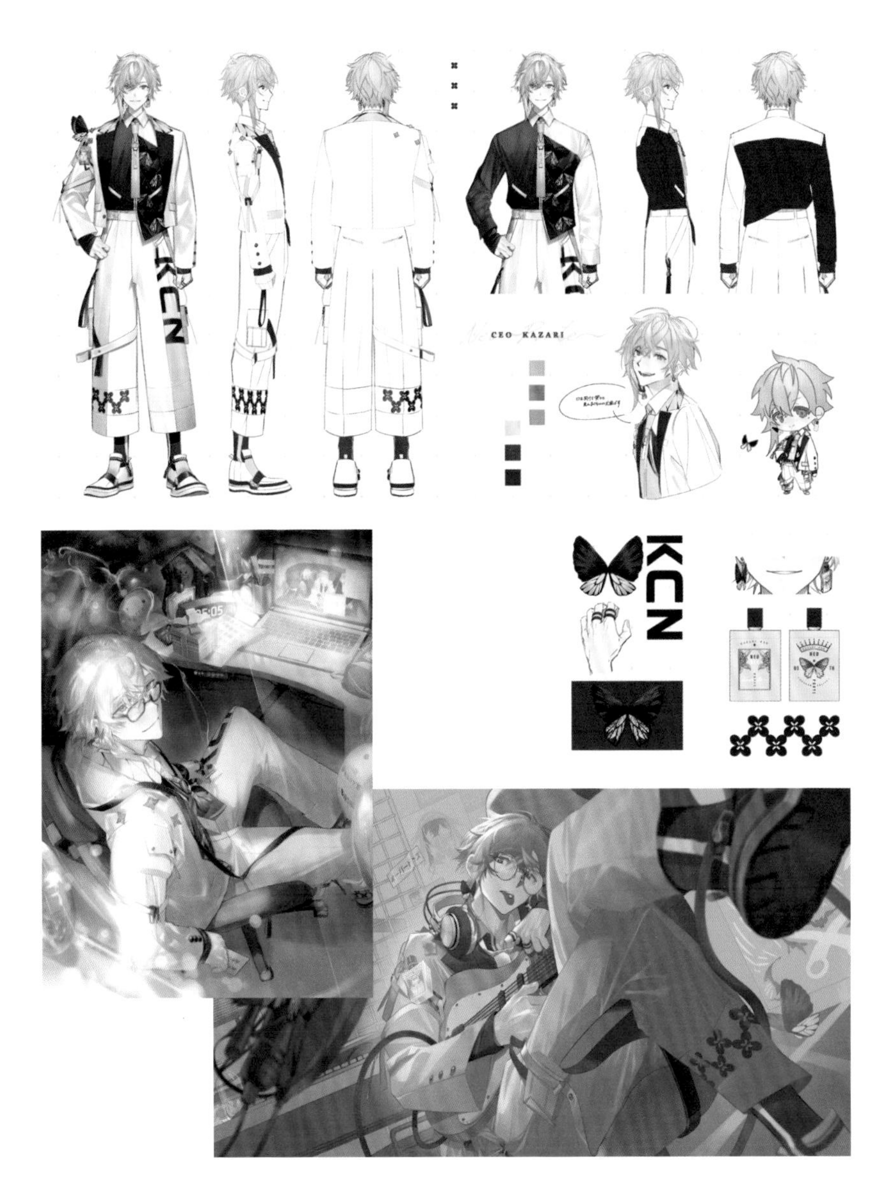

社長らしいかっちりとしたかっこよさと、アパレル業界・荒廃した街の出身感を両立させるために、セットアップのジャケットをベースに装飾や着こなしでストリート感を演出しています。

楠井(くすい)サメク　イラスト・デザイン：色塩

ぱっと見た瞬間にネオンを連想するように、黒をベースに蛍光色の水色とピンクを差し色に選びました。フェミニンな雰囲気を出しつつ男性らしさも残るデザインを意識しています。

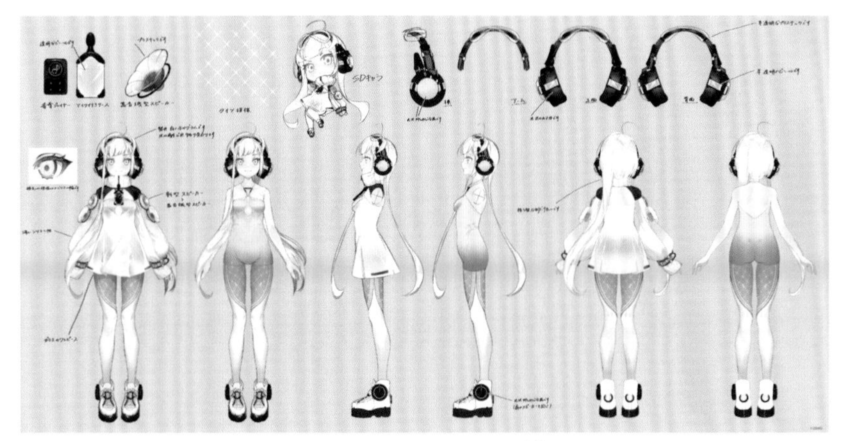

IZumo Ailis ／Another ball　©AniLive by IZUMO　イラスト・デザイン：色塩

近未来で洗練された雰囲気を感じるように、全体を白と機械的なデザインでまとめました。明るくフレッシュな印象を感じるように、レモンイエローをテーマカラーにしています。

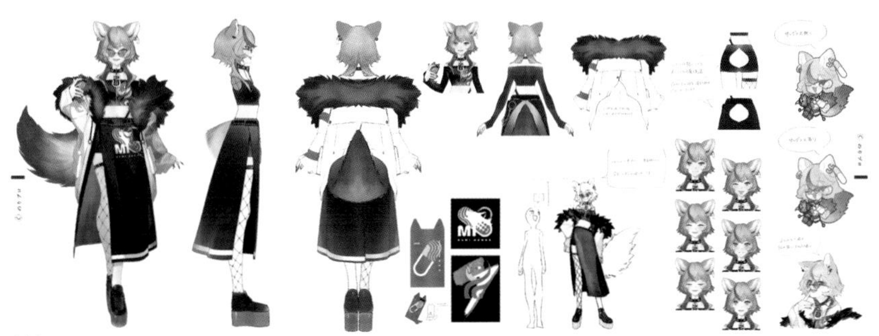

深狼（みかみ）れんげ（NROプロダクション）　イラスト・デザイン：色塩　©のりプロ

夜の街を連想するような黒をベースに、ネオンカラーでまとめました。銀色の髪を目立たせるために、同じトーンの色を使わないようにしています。同様に長い爪を目立たせるために、上着を白くしています。

花城まどか

Hanashiro Madoka

グラフィッカー&Live2Dデザイナー

ゲーム会社を退職した後、フリーランスのグラフィッカー&Live2Dデザイナーとして活動しています。

作るうえでのこだわりは？

クライアントのご要望を形にしたうえで、
追加のご提案をするように心がけています。
オリジナル制作時には、特徴を持たせつつ
いつか宿る魂が自由にキャラクターを作り上げられるよう
余白のあるデザインにしています。

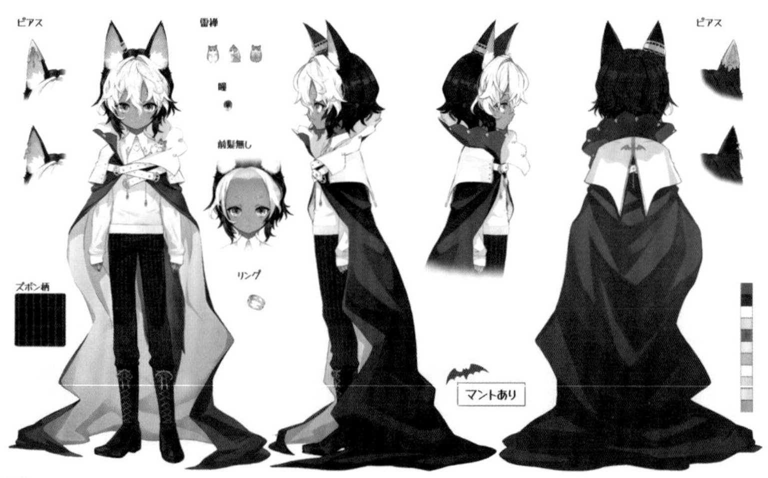

祈夜もこと　イラスト・デザイン：花城まどか

狼と吸血鬼のハーフで、複数ある衣装のすべてにそれぞれのモチーフをちりばめています。友だちの雷禅はキョロキョロしたり居眠りしたり自由な存在です。

ピアス
前髪無し
リング
ズボン柄
マントなし
ピアス

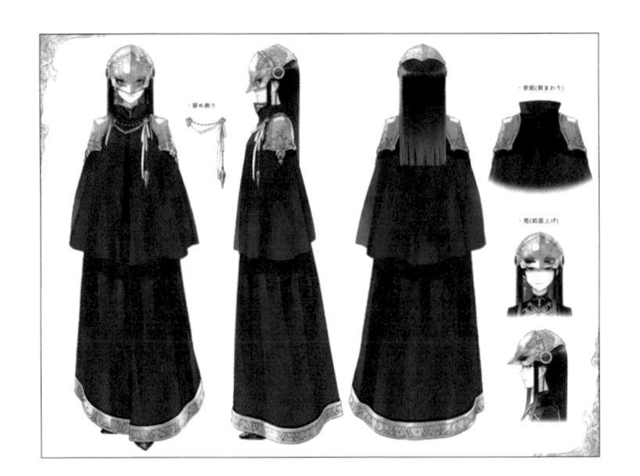

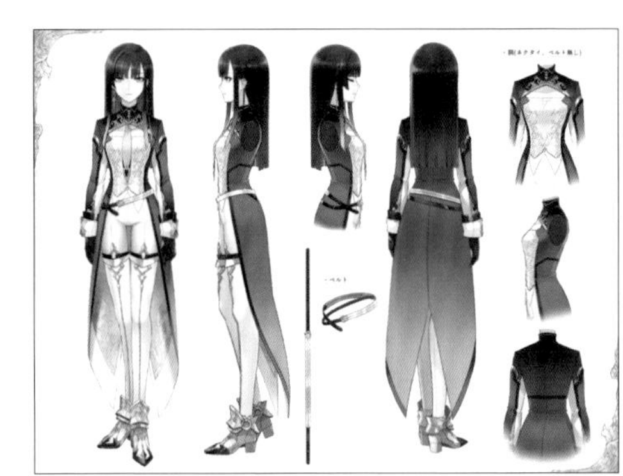

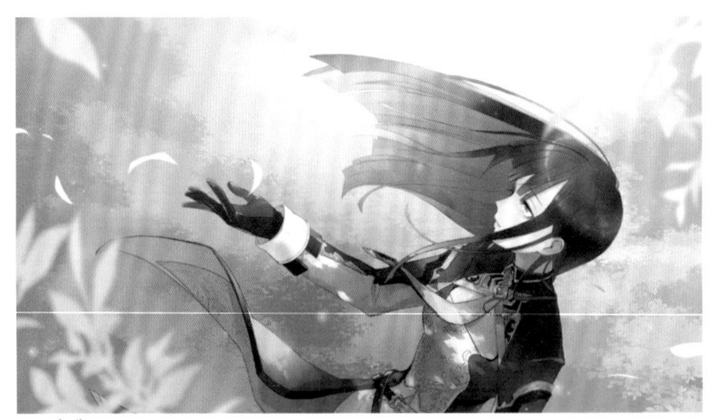

高山企鵝(きが)　イラスト・デザイン：花城まどか

ミステリアスな（元）騎士であり、仮面と外套で容姿は長らく隠されていたVTuberさんです。立ち姿や動きに気品を感じられるようにこだわりました。

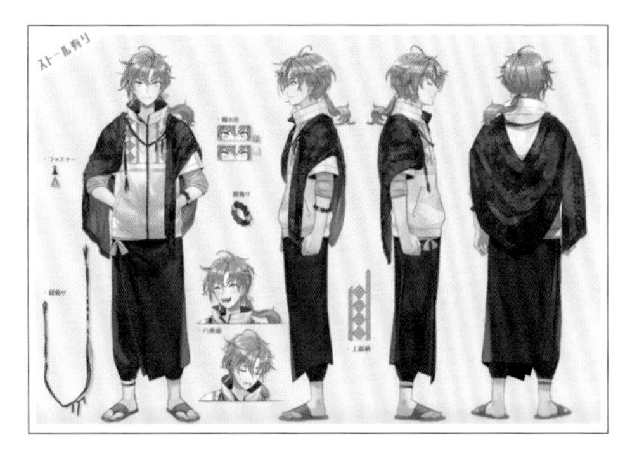

幽々原(ゆゆはら)カナメ　イラスト・デザイン：花城まどか

ロングヘアのインナーカラーとアジアンテイストな装飾が特徴で、手を振ったり、ポケットから出したりと、滑らかな腕の切り替えができます。

오르카 에지스（ORCAaegis）　イラスト・デザイン：花城まどか

軍人であり鯱モチーフを持つ彼は落ち着きのある出で立ちですが、動くことによってコミカルな一面も見ることができます。

天傘(あまかさ)ぽるぽ　イラスト・デザイン：花城まどか

モチーフであるメンダコを至る所に忍ばせており、持ち歩いている薬草やハーブは実際にあるものを参考にしています。

葉月(はつき)ろっぷ　イラスト・デザイン：花城まどか

ゲーム実況向けに制作したモデルです。ミリタリー風の衣装にロップイヤーのうさぎがモチーフで、袖とスカート部分が切り離せるようになっており、手軽に印象を変更できます。

門木くぬぎ　イラスト・デザイン：花城まどか

本を手に持ち、めくる動作が特徴のモデルです。クラシックな衣装にダークな雰囲気ですが、小さなお団子ヘアと実は表情豊かなところがお気に入りのキャラクターです。

イラスト・デザイン：花城まどか

和風ファンタジーな衣装と細かな光や影の動きにこだわりました。頭の可動域を大きく見せるために、装飾のデザインは正面と側面の違いをわかりやすくしています。

秋知エレム　イラスト・デザイン：花城まどか

男子学生風のデザインで、ジト目と袖口を握ったまま手を振るところがお気に入りのポイントです。

狐塚メロ　イラスト・デザイン：花城まどか

人間に憧れている稲荷神の息子さんで狐の時の面影を残しつつ、明るくふわふわした彼に合う衣装をデザインしました。

memeno

イラストレーター&Live2Dモデラー

イラスト、デザイン、Live2Dモデリングと、幅広く活動しています。

作るうえでのこだわりは？

世間や“界隈”の好む傾向を把握すること、
配信で映るのはバストアップが主なので
頭部や首元に揺れるデザインの物を入れること、
複雑で描きにくいデザインにしすぎないこと
などを意識しています。

藍坂しう　イラスト・デザイン：memeno

パステル調の可愛い色合いと、対戦ゲームでは前線で戦うというアクティブさをイメージしてデザインしました。

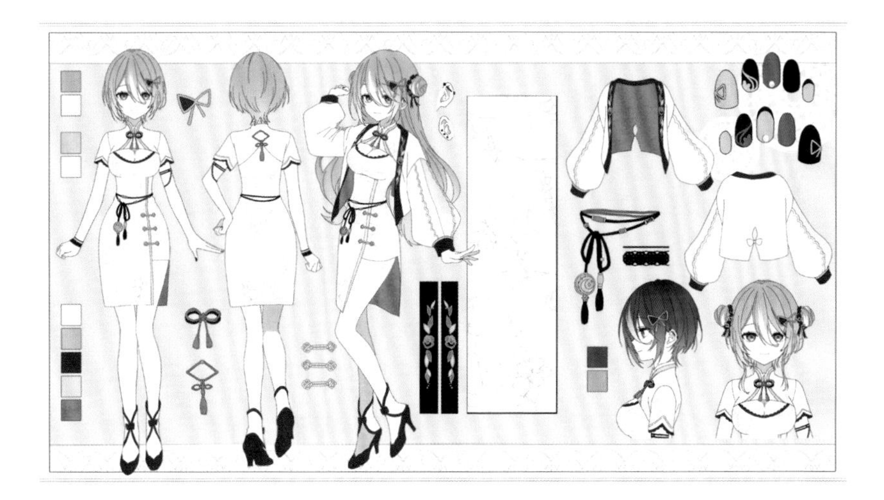

夜乃（よるの）すみ　イラスト・デザイン：memeno

「通常衣装」（上）はシックな色合いで、ダウナー系のお洒落な魔女をイメージしました。
「チャイナ衣装」（下）は裾の長さの違いと裏地の発色を活かしたデザインが特徴です。
2色の髪色が映えるようにデザインしました。

戌月(いぬづき)れん　イラスト・デザイン：memeno

「通常衣装」（右上）のコンセプトがシベリアンハスキーとアイドルでしたので、いただいたイメージをもとにかっこよさを意識して、軍服風のアシンメトリーデザインに制作しました。「ドレス衣装」（左上・下）は華やかな舞台に合うように、花のようなデザインで可愛らしさを残しつつ、黒とゴールドでゴージャスにまとめました。

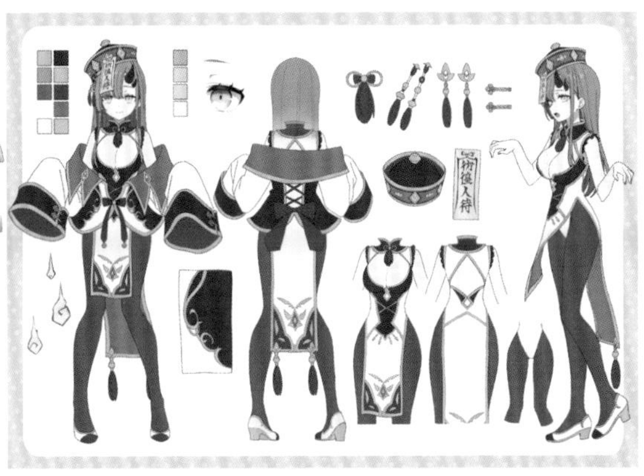

彷徨鈴(さまよいすず)　イラスト・デザイン：memeno

「通常衣装」（右上）はキョンシーと鬼をコンセプトにし、妖艶な笑みが似合う女の子にデザインしました。「アイドル衣装」（左上・下）は3D化することを前提に、ライブで映えるようにデザインしました。フォルムがだいぶ変わってしまいましたが、全体的に通常衣装のデザインや色合いを入れることによって、このVTuberさんらしさを表現しました。

姫乃のえ　イラスト・デザイン：memeno

コンセプトはエルフの国のお姫様。ご本人がピンクとハートが大好きということで、可愛らしさを前面に出したお姫様衣装を制作しました。お姫様感を出したかったので、布は薄ピンクで統一し、フリルの段差でアクセントをつけました。

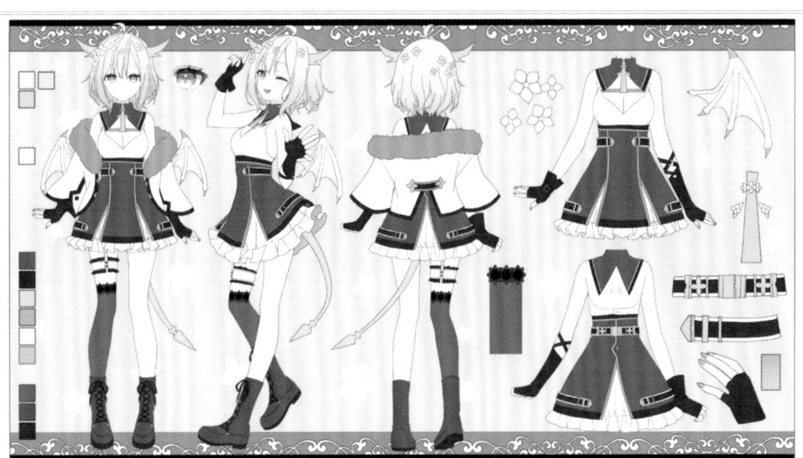

緑李（ろくり）しゃお　イラスト・デザイン：memeno

コンセプトはドラゴンと花で、衣装はこのVTuberさんらしさのあるアクティブなデザインで制作しました。色合いはご本人とたくさん話し合って決まったもの。黄色や黄緑が加わることで透明感のある緑色を表現でき、とても気に入っています。

白ぬこ

Shiro Nuko

イラストレーター&Live2Dモデラー

VTuberさんのキャラクターデザインやLive2Dモデリングを個人・企業合わせて40名以上担当しています。最近はオープニングなどで使用する「動くイラスト」の制作も請け負っています。

作るうえでのこだわりは?

配信で主に映る「胸から上」は特にこだわります。
胸から上で切り取った際に
「シルエット」や「デザインの情報量」が
質素になっていないか、必ずチェック。
縦長配信のために「お腹より上」も重要視します。

龍桜（りゅうざくら）めい　イラスト・デザイン：白ぬこ

海外の方からのご依頼。「和服のドラゴン娘」を所望されました。日本が好きとのことでしたので、螺鈿（らでん）風の模様を入れるなどして、和の要素が強めなデザインに仕上げました。

堕♡愛オジョ　イラスト・デザイン：白ぬこ

「天使」という人外であるならば、普通ではあり得ない要素を入れたら面白いのでは？と思い「浮いている巻き髪」といった変わった要素を入れました。

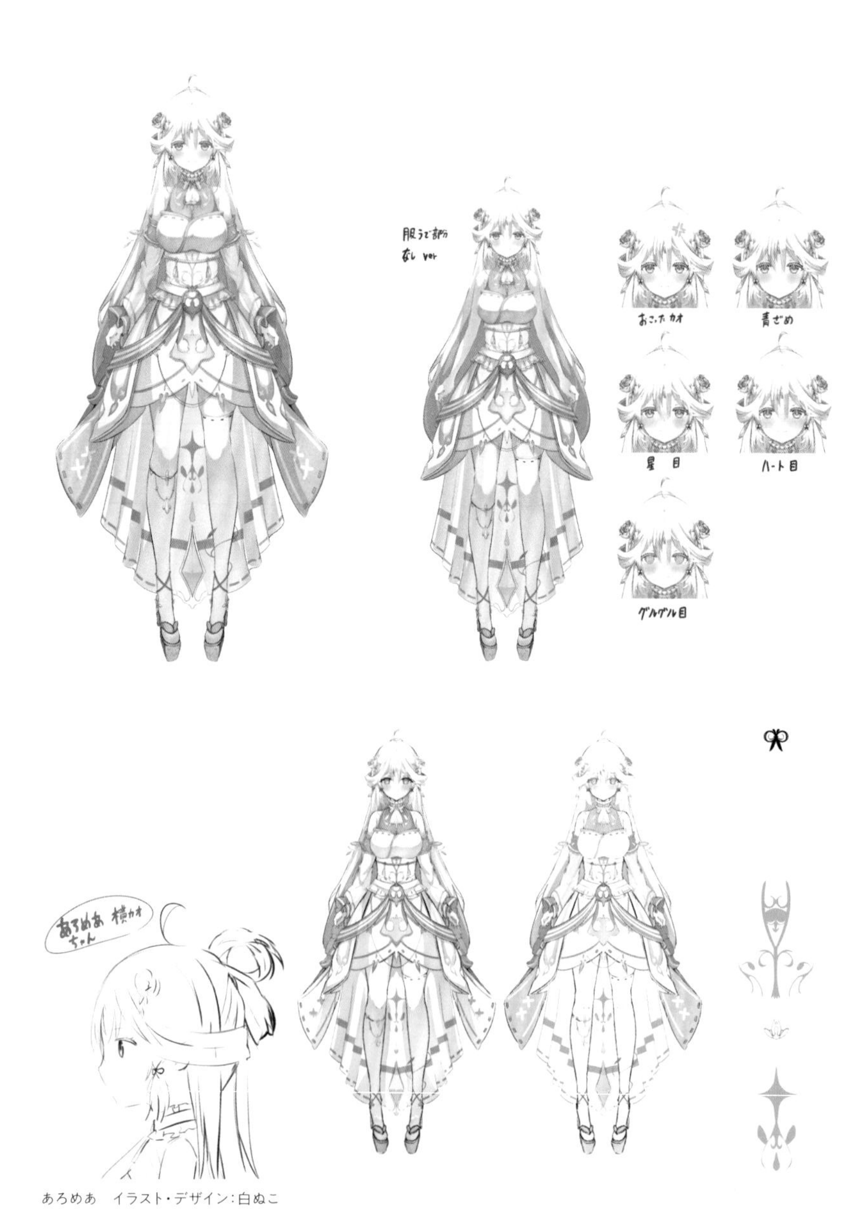

あろめあ　イラスト・デザイン：白ぬこ

VTuberさんご本人が描いたイラストをもとに、私のほうでブラッシュアップしたモデルです。「精霊」という要素をさらに際立たせるように「アホ毛を金色にする」「ツタを生やす」などといった要素を追加しました。

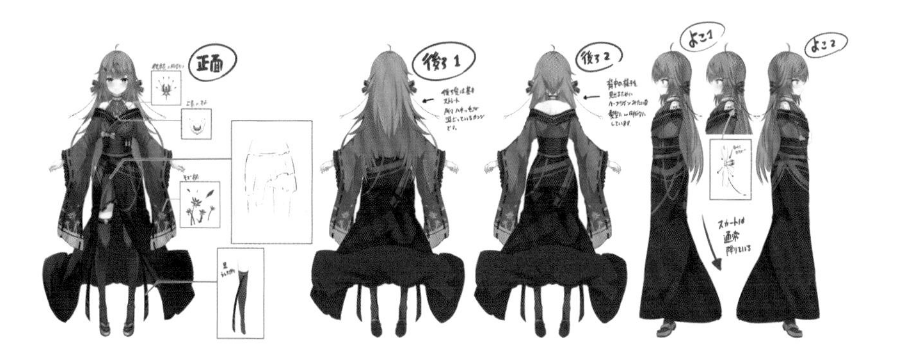

夢野（ゆめの）リコリス　イラスト・デザイン：白ぬこ

「彼岸花の精霊」をコンセプトに制作しました。彼岸花の柄や、花糸に似せた紐が付いた髪飾りを装飾することで、全体的に彼岸花のようなシルエットになるように意識してデザインをしました。

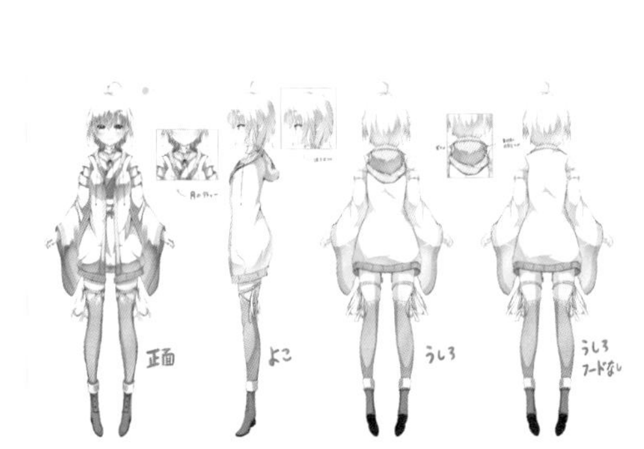

月姫みなと　イラスト・デザイン：白ぬこ

「かっこよく、クールな感じがいい」とのことでしたので、一見すると青年に間違えられるような見た目にしました。月から来た子なので、月のタトゥーや、かぐや姫を意識した大きめの袖を付けています。

神乃恵竜（かみのえりん）　イラスト・デザイン：白ぬこ

神様とドラゴンのハーフの子なので、肉体的な特徴はドラゴン要素を強めに、服装のデザインや全体的な配色は神様っぽくしました。

風凪風(みかぜ)あうら　イラスト・デザイン：白ぬこ

風神をモチーフにしたVTuberさんです。風神というからには、風が吹いた際に服がよく揺れたほうが雰囲気が出るだろうと思い、マントなどは長めにデザインしています。

椎名菜羽(しいななのは)　イラスト・デザイン：白ぬこ　キャラクター原案：Paryi

モデルを一新したいということで、ご要望に沿って服のデザインや作画を担当しました。吸血姫なので「コウモリのようなゴスロリデザイン」にしました。

風渚こあ(かぜなぎ)　イラスト・デザイン：白ぬこ

「しっかりしている」&「歌い手」というイメージがあるVTuberさんだったので、「クール系のアイドルが着るような衣装」が似合うと思い、そのようなデザインにしました。

一束

ituka

イラストレーター&Live2Dデザイナー

カラフルでポップなキャラクターデザインが得意。VTuber以外のデザインやイラストも手掛けています。

作るうえでのこだわりは？

衣装全体の統一感と構造に矛盾がないか、
シルエットでも個性があるか、
ファンアートを描いてもらいやすいかも
意識しています。

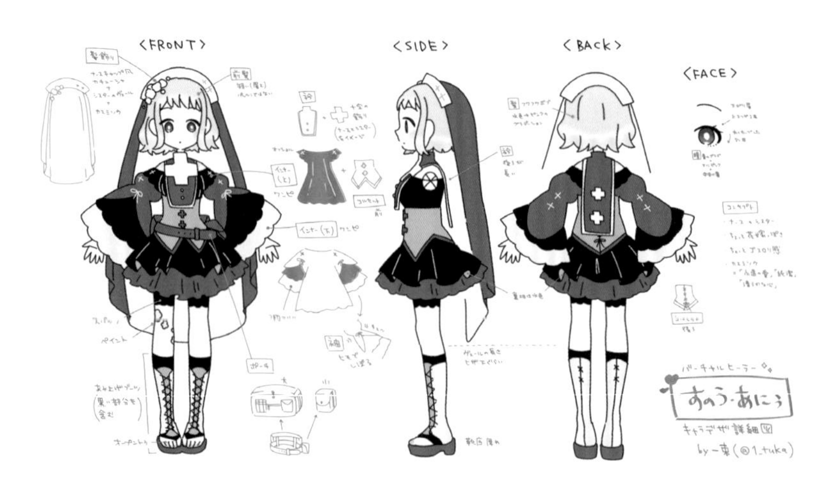

すのう・あにぅ　イラスト・デザイン：一束

仕事が「ヒーラー」のため、ナースとシスターを組み合わせたようなデザインにしました。若干ゴスロリのようなテイストを含めつつ、清涼感のある愛らしい印象になるように調整しています。

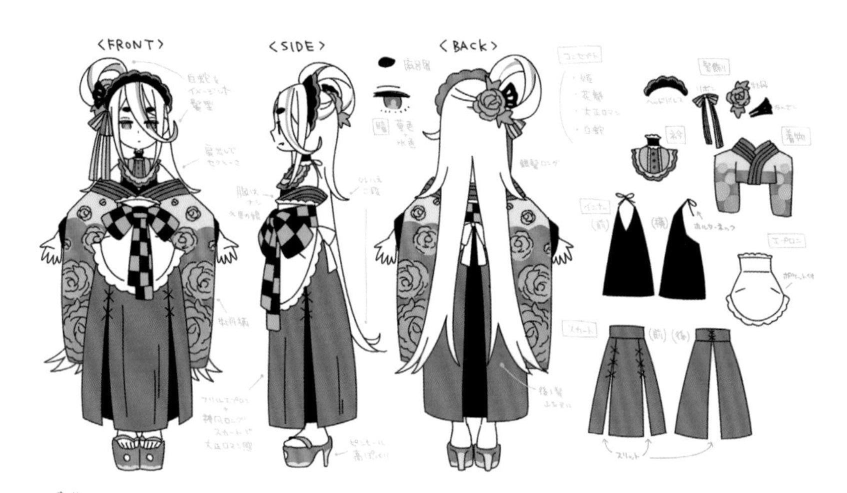

姫川結泉(ゆい)　イラスト・デザイン：一束

美娼年の肩書きのとおり、男の娘です。大正ロマンと花魁(おいらん)のイメージをベースに、愛らしさと色気が同居できるようにデザインしました。髪型はコンセプトのひとつである「白蛇」をイメージしています。

雪村恵慈(けいじ)　イラスト・デザイン：一束

座敷わらしがテーマ。フードを被ったときに雪だるまっぽいシルエットになるようにしました。お家でまったりしてそうなくつろぎ感と、キャラクターとしての個性が調和するように意識しています。

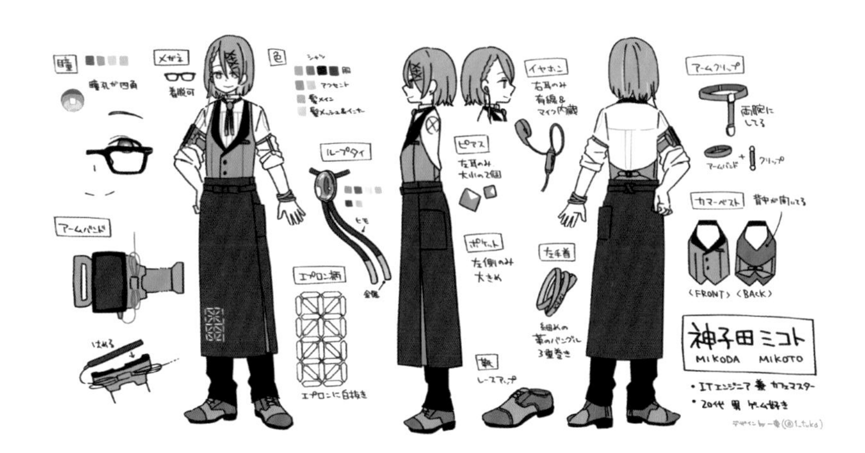

神子田ミコト　イラスト・デザイン：一束

カフェマスター兼ITエンジニアということで、クラシックな衣装で落ち着いた大人っぽさを出しつつ、デバイスやモチーフでエンジニアらしさを追加しています。瞳孔の形や差し色のブルーもエンジニアポイント。

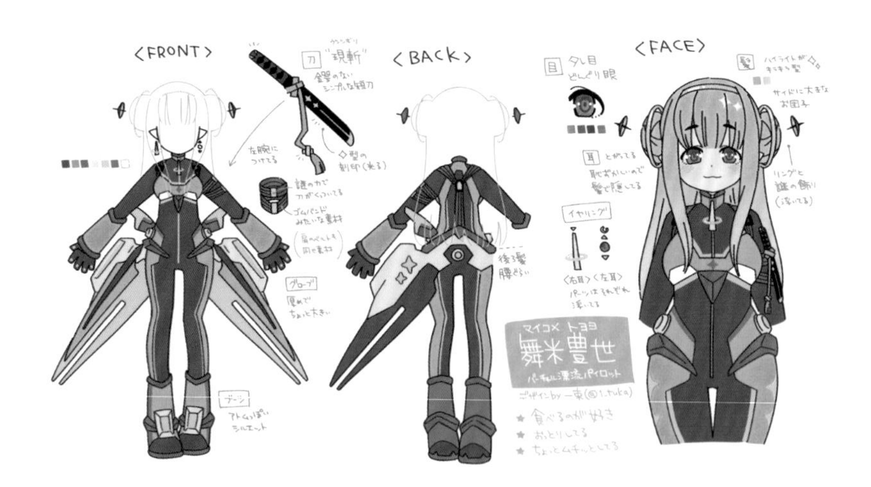

舞米豊世　イラスト・デザイン：一束

食べるのが大好きな宇宙人です。ライダースーツから着想を得て、SF感のあるパイロットスタイルにしています。髪型やアクセサリー類でシルエットだけでも個性が出るように意識しています。

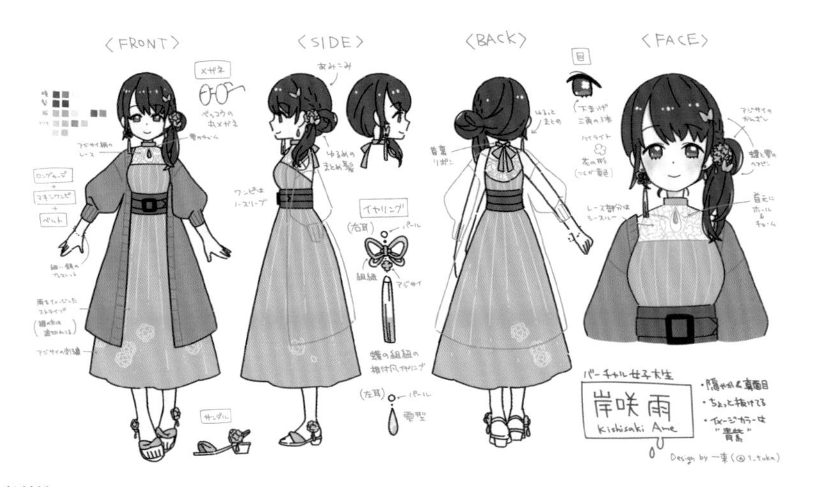

岸咲雨（きしさきあめ）　イラスト・デザイン：一束

「女子大生」とのことで、「現実にあり得そう」というラインでデザインしています。顔まわりに揺れものを多めに着けたり髪型を左右非対称にしたり、華やかな印象になるようにしました。

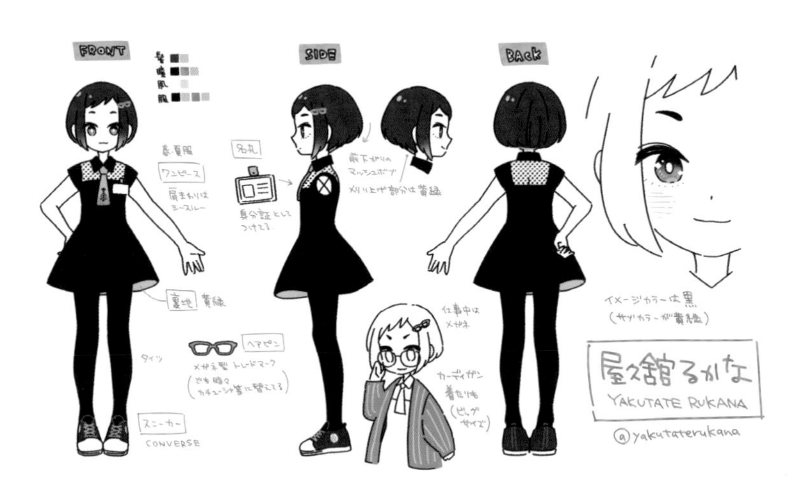

屋久舘（やくたて）るかな　イラスト・デザイン：一束

自分（一束）の広報用に「バーチャルアシスタント」というコンセプトでデザイン。描く頻度が高くなりそうなこともあり、他の画像と組み合わせても違和感がないシンプルなデザインに。かつ差し色やシルエットで特徴が出るようにしています。

ミニキャラの作り方

〈誇張〉と〈引き算〉で
SD（スーパーデフォルメ）イラストをデザインしよう

キャラクターの個性を「誇張」する

SDイラストでは「顔は大きく、胴体は小さく」を前提に、キャラクターの特徴をより強く表現するように描画していきます。まずは、キャラクターをじっくり観察して個性や特徴を見つけていき、その後、その個性や特徴を大きく、それ以外を小さくします。

黒狼（こくろう）がお

「引き算」をして、わかりやすくする

SDイラストは、装飾や造形を細かく作っていくほど、その強みが薄れていきます。個性の誇張や巨大化と同時に、装飾を簡略化する、場合によっては作らないなど、要素の〈引き算〉をしていきましょう。

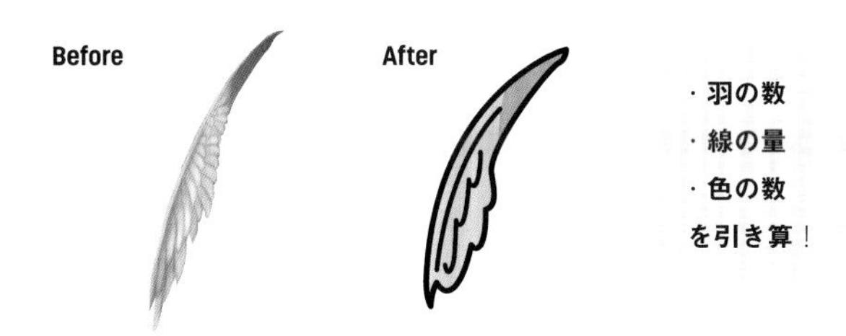

「ルール」に落とし込んでいく

SDイラストには「2～3頭身」や「頭が大きい」など、ルールともいえる特徴があります。これに倣(なら)ってあなたのマイルールを設け、そこにキャラクターを落とし込んでいきましょう。「線幅は2、3種類」「手と下半身は簡略化」などのマイルールがあれば作りやすくなります。

SD イラストのマイルール例

- あらかじめ作成したフォーマットに沿って制作（右図参照）
- 線の太さは原則 3 種類（1mm,0.8mm,0.6mm）
- 手と足は詳細に描写しない

プロクリエイターから教わろう!

Section 2

実例で学ぶ

サムネイルデザイン

どんな配信も入り口で魅力が伝わらなければ人は来てくれません。サムネイルは配信の見どころを伝えるフックであり、興味を持たせるための広告であり、世界観を伝えるブランディングツール。更新し続けるもので、自作する人がほとんどですから、目を引くデザインのコツを知っておきましょう。

派手にして目立たせれば閲覧数も増えますか?

質素でも、訴求力の高いサムネイルはあります。実は、正解のない世界なんです

VTuberを目指す
かけだしVさん

グラフィックデザイナー
ごごんさん

クリックしたくなるかどうかは視聴者の興味や価値観によって違うので、
何をアピールすればいいかは一概には言えないんです。
とても雑に見えるサムネイルで、
初見の人から閲覧数を稼いでいる人もいるんですよ

サムネイルに正解がないってことは、
デザインにも法則がないってことですか？

そうはいっても、
デザインに不慣れな人がやりがちな残念ポイントはあります。
サムネイルデザインを「よくする」ための方法を
次のページからお話しします

BASICS

STEP 1 伝えたい情報を整理する

「何を伝えたいのか」「何をアピールしたいのか」など、必要な情報を細かく言語化し、メモにしましょう。

- ☑タイトル ☑サブタイトル ☑キャッチコピー
- ☑配信日程 ☑シリーズのナンバリング
- ☑ゲームのロゴ ☑ゲームのイラスト
- ☑背景画像 ☑立ち絵

STEP 2 優先順位をつける

次のようなことを考えながら整理した情報の取捨選択や優先順位づけをしましょう。

- ・自分が伝えたいこと
- ・視聴者が興味を持ちそうなこと

カブるところがあったら、SEOの観点から考えましょう。
タイトル欄や配信の概要欄は検索で
ヒットさせるための情報として、
たとえ重複する情報でも残しておくことが重要です。

ごごんさん

STEP 3 優先順位に応じてレイアウト

整理した情報の優先度に応じて、適切に要素を配置していきます。「デザインの4大原則」(36 ~ 40ページ) なども参考にしましょう。

- ・優先順位の高い情報や単語は目立つ色に
- ・読ませたい文字は読みやすいフォントで

HINT

作るときのコツ

フレーズ
・伝えたい単語やフレーズは3つぐらいに絞る。
・その中で最も伝えたいことを一番大きく、他は小さくする。

フォント
・多くて3種類。好きなフォントでいいが、読みやすさを意識する。
・色は背景の色と差（コントラスト）をつける。読みづらければ縁をつけたり背景に帯を敷いたりする。

色
・色数は多くて3色（+無彩色）だと収まりがいい。

その他
・ブランディングのためにも、キャラクターは入れておく。
・タイトルや配信の概要欄にはSEO対策を。キャラ名、所属、ゲーム名、ハッシュタグなどを書いておく。

なるほど、こういうことに気をつければいいんですね

かけだしVさん

ごごんさん

でも、いちばん大事なのは、自分の「好き」を押し出すこと。量販店のポップアップは派手で、専門店がシックなのは、その世界観を重視しているから。それと同じですよ

注意点

・同じサムネを使わない（過去の配信一覧を見たときに見分けがつくように）
・過度の誇張は控える（「サムネ詐欺」「釣りサムネ」と言われないように）
・重要な情報はスマホでも読めるサイズにする
・ゲームのロゴや画像を使うなら二次創作ガイドライン（権利関係）を確認
・ファンが描いたイラストを使うときも許可を取る

PROCESS

レイアウト、色、装飾アイコンなどを工夫することで、よりよいデザインになります（逆に、よいと思われるデザインでも、ごちゃごちゃしていると感じるなら、情報を整理して要素の必要性を検討しましょう）。

STEP 1

テキストを流し込んだだけの状態

STEP 2

伝えたい順にテキストの大きさを変える

STEP 3

色や飾りを施して見栄えをよくして完成！

タイトル・キャラ・内容という3要素のどれを重要視するか。
それによって、全然印象の違うサムネになります。
文字のレイアウトを変えたパターンを次ページから見ていきましょう

ごごんさん

CASE 1
タイトル優先の場合

企画タイトルを目立たせる

タイトルだけでおおよその内容がわかる配信なら、キャッチフレーズのような効果があります。ロゴっぽくすれば、覚えやすさや見栄えも上がります。上の画像はタイトル文字を大きくするだけでなく、マイクやミックス機器のイラストを添えることで、企画の内容を補完しています。ただし、タイトルが大きいと、配信数が増えたときに同じようなサムネイルが並び、初見の視聴者にはわかりづらさやとっつきにくさに繋がることがあります。

ごごんさん

字の大きさや色の調整、レイアウトの再配置のような小さな変更でも、全体の印象に大きな影響を与えます。最も重要なのは、そのサムネイルデザインが伝えたいメッセージが明確で、視聴者に魅力的であることです

CASE 2

キャラ優先の場合

キャラを目立たせる

上のサムネイルはキャラクターが画面の半分を占めています。これぐらい大胆に見せれば、初見の視聴者の目も引けます。キャラクターの可愛らしさやデザインを売りたいのであれば、キャラを一番に押し出しましょう。顔のアップでもいいと思います。可能であればポージングや表情に凝ってみるのもいいでしょう。ただし、配信内容を重視するターゲット層への訴求力は低くなります。

視聴者の意見を取り入れることも重要です。
視聴者の視点でデザインを見直して、
そのニーズや好みに合わせて調整すれば、
より効果的なサムネイルデザインになるはず

ごごんさん

CASE 3
キャッチコピー優先の場合

具体的な内容で勝負する

伝えたいメッセージや、ターゲットが知りたそうなことをキャッチコピーにして、前面に押し出す方法です。サムネを見ただけで企画や内容のあらすじがわかれば、そこに興味のある人にアピールでき、初見の視聴者の流入も見込めます。ただし、極端な煽りや誇張したキャッチコピーにすると、内容とのギャップから反感を持たれる可能性があります。

ごごんさん

最後に、トレンドを忘れないことも大切です。
流行も取り入れれば、時代に即した魅力的なものになります。
ただし、流行に流されすぎないように気をつけて。
バランスよく自分に合った要素を取り入れて、
独自性を保つことが重要です

僵尸パア

Kyoushi Paa

グラフィックデザイナー

初心者さん向けのデザインに関する情報を不定期に発信。個人、企業問わずデザインの制作をおこなっています。個人VTuberとしても活動。

作るうえでのこだわりは？

VTuber さんにいちばん似合うものを
優先して作るようにしています。
ビジュアルの特徴はもちろん、メインの活動や
ファンの方からどんなイメージを持たれてる方なのかなど、
リサーチしてデザインに取り入れ、表現に幅を出します。

Lily♡Syu ©2018 ProjectBLUE　デザイン：僵尸パア　イラスト：イル=フローラ

ゲームごとにゲームタイトルだけを差し替えて使い回すサムネイルテンプレートなので、メインの部分は広く取りつつ、VTuberさんの個性を活かしたあしらいを施しました。

星宮ちょこ（Vlash）　デザイン：僵尸パア　イラスト：さとうぽて

©Vlash

コスプレイヤー兼VTuberということなので、初配信の文字にフェルトっぽい加工を施し、縫い目を付けて、見た目とイメージを両立させるデザインにしてみました。

名探偵まりむ　デザイン：僵尸パア　イラスト：BEBE

探偵というテーマから、すっきりと、なおかつ目立つモチーフの虫眼鏡を使い、あまり見ない配置で制作してみました。

兎彷魂あみゅ　デザイン：僵尸パア　イラスト：ほし

あえて色味を極力キャラに寄せて、ごちゃごちゃしがちな装飾のデザインがなじむように配置して制作しました。

恣ノ宮うか　デザイン：僵尸パア　イラスト：UIIV◇

印象的なピンクと対照的なグレーの髪色が目を引く容貌なので、それぞれがはっきり見えやすくなるように色味を絞りました。色数が少ないので、配置を派手に動かして、印象的な作品にしました。

葉竜(ようりゅう)らぷる　デザイン：僵尸パア　イラスト：はまち

パステルカラーでモチーフをちりばめて、元気なイメージとキャラデザインに合わせたサムネイルになっています。

霜降(しもふり)いちぼ　デザイン：僵尸パア　イラスト：chihiro

背景は文字に隠れて見えない部分ですが、焼肉台をイメージして、このVTuberさんのイメージに合った明るいサムネイルに仕上げました。

はる瀬　デザイン：僵尸パア　原案：1：09　イラスト：久遠チヒロ

Y2K（Year2000）の雰囲気がお好きとのことでしたので、ファンマークの悪魔を中心にデザインを展開していきました。

凪乃ましろ　デザイン：僵尸パア　イラスト：菊月

新衣装のなかでも印象的なお花を文字に組み込み、エレガントなドレスであることをデザインから予想できるようにしてあります。

矢紅(やべに)うや　デザイン：僵尸パア　イラスト：矢紅うや

シルエット状態の立ち絵を違和感なくサムネの中に入れ込み、メイド服に合わせたアフタヌーンティーの卓上をイメージしています。

星影(ほしかげ)ラピス　デザイン：僵尸パア　イラスト：のいみね

VTuberさんが幼女になっている姿をモデルにしているので、それに合わせて幼稚園児の名札モチーフに目がいくデザインになっています。

yosumi　デザイン：僵尸パア　キャラクターデザイン：せいまんぬ　3Dモデリング：つみだんご

ある程度ぼかした状態でビジュアルを表示させてほしいというご要望があったため、立ち絵をドット加工して古い英字新聞のようなイメージで全体を制作しました。

僵尸パア　デザイン：僵尸パア　イラスト：里坂

１周年記念配信のサムネイルです。とにかくお披露目のサムネイルに入れたい情報が多かったため、文字が多くても違和感のない新聞のようなデザインにして制作しました。

まじめちゃん　デザイン：僵尸パア　イラスト：またたび団子

記念配信サムネイルなので、記念イラストに合わせてお茶会を連想させるロゴを制作し、なおかつイラストに一番に目がいく配置と色味にしてあります。

ニナ・ウィスタリア　デザイン：僵尸パア　イラスト：熱帯魚くん

ゲーム実況中心のVTuberさんであることを踏まえて、全体のモチーフはゲーム機のハードやソフトをベースにして制作しました。

sibe　デザイン：僵尸パア　イラスト：sibe

とにかくシンプルで情報が入りやすく、それでいて装飾とのバランスがちょうどよくできた記念配信サムネイルだと思っています。色を絞り、面積としては白が多いものの見やすくできたと思います。

カグラナナ　デザイン：僵尸パア　イラスト：なながぐら

カグラナナさんの朝活配信は、基本的に同じデザインを色違いで使い回す設計だったので、なるべく色変更の面積が大きくなるよう、モチーフを大きく、さらに朝に関連するものをタイトルの邪魔にならないよう配置しました。

羽瑠流ウル　デザイン：僵尸パア　イラスト：なず

朝活配信サムネイルでほぼ毎日使うことと、賑やかで明るい配信というイメージに合わせて、モチーフは散らしつつも、白をメインに切り替える立ち絵が目立つサムネに仕上げています。

僵尸パア　デザイン：僵尸パア　イラスト：里坂

自分自身のInstagramをリニューアルする企画だったので、全体のデザインをInstagramっぽい配置にして、タイトルも装飾も四角ごとに変化をつけて制作しています。

沙雨イニ

Shaw Ini

グラフィックデザイナー

褐色白髪が好きなグラフィックデザイナー。VTuberさん向けにサムネイルを提供しています。
サムネイル制作を通して、チャンネルのブランドイメージを作るお手伝いをしています。

作るうえでのこだわりは?

活動を続けていくなかで必ず生まれる
「その人らしい配信の雰囲気」を逃さずに反映させ、
だんだんと立ち上がる「ブランド」を
届けたいと思っています。

明智光月(ゆにふぃ!)　デザイン:沙雨イニ　イラスト:せとかね

大切な1周年記念のサムネイルなので、とにかく特別感のあるデザインにするために、文字の装飾にこだわりました。和風の雰囲気があるVTuberさんなので、霞柄を配置しておめでたい日であることを表現しました。

縫薔薇いと（White crow Project）　デザイン：沙雨イニ　イラスト：麦うさぎ

VTuberさんのイラストの色味が淡くて素敵だったので、差し色に深い緑を入れて、イラストの魅力が引き立つように制作しました。また、アンティークな雰囲気をフレームなどで演出しています。

鈍色聴　デザイン：沙雨イニ　イラスト：悠木うゆ

鏡から人間世界に干渉する悪魔VSingerさんらしく、鏡を使用して怪しげな雰囲気を表現しました。他アートワークも考慮して、あまり装飾的になりすぎないように配慮しつつ、印象的なデザインになるように制作しました。

時桜　デザイン：沙雨イニ　イラスト：時桜

OLモチーフのVTuberさんなので、社員証にシルエットを配置して伝わりやすくしました。ご本人の希望で桜をあしらいましたが、偶然にも入社式のようなイメージにもなりました。

白兎ねむり　デザイン：沙雨イニ　イラスト：神藤かみち

「ゆめの国」に住むうさぎ天使のティザーPV用。いただいた「ゆめの国」の資料をもとに、まわりのカラフルな雲などを配置しました。背景に少しだけ見えているのは「ゆめの国」の扉で、視聴者を出迎えているような構図です。

陽月(ひづき)るるふ　デザイン：沙雨イニ　イラスト：四季野(しきの)ゆき

「あなたの光になる!」をテーマに活動するVSingerさんなので、すべてのサムネイルのメインテーマを「光」にしました。こちらは新年配信で、あまり和に寄せすぎずにお洒落に制作しました。

ライファ　デザイン：沙雨イニ　イラスト：やちし

背景のあるイラストなので、サムネイル内の文字装飾にこだわり、VTuberさんのモチーフをたくさん入れました。ご本人の雰囲気に合わせて、とにかく可愛らしくポップな印象になるようにデザインしました。

メルシュ-Malstrøm-　デザイン:沙雨イニ　キャラクターデザイン:煮たか　写真:KAZUMA　LIVEロゴ:YOSHIJIN　アーティストロゴ:DheWrs

3DLiveのサムネイルです。一番意識したのは、ご支給いただいたイベントロゴをどうなじませるかに尽きます。できるだけ色数を絞ったりして、完成させました。

月欠(つきかけ)ルクア　デザイン:沙雨イニ　イラスト:カカロシェ

おやすみ前の雑談サムネイルです。イラストが柔らかくて可愛い雰囲気だったので、背景にフェルト素材を使用したり、雑談の文字にドットを入れたりして可愛らしさを引き立てました。

戌月(いぬづき)れん　デザイン：沙雨イニ　イラスト：memeno

「綺麗」「可愛い」「かっこいい」。この3点を1枚のサムネイルで表現するために、できるだけ青以外の色は控えめにしてイラストの雰囲気をしっかり活かせるように制作しました。

彷徨鈴(さまよいすず)　デザイン：沙雨イニ　イラスト：memeno

ご依頼内容が「VSinger彷徨鈴らしいサムネイルを」とのことだったので、立ち絵に含まれているモチーフを多めに制作・配置して〈専用サムネイル〉であることがしっかりとわかるデザインに仕上げました。

コニカ・ローレル　デザイン：沙雨イニ　イラスト：絢芽

魔法使いであるVTuberさんの衣装のクラシカルな要素を取り入れ、「魔法」をテーマに制作しました。カラーバリエーションをご希望でしたので、背景色を変更すると全く印象が異なるように設計しています。

よしか⁂　デザイン：沙雨イニ　イラスト：memeno

歌枠の文字や、お花のモチーフが広がっているような構図にすることで、このVSingerさんのとっても元気で明るい歌枠配信内の雰囲気が伝わるように制作しました。

かわうそ　デザイン：沙雨イニ　イラスト：IRO

ケロケロボイス歌枠（歌声を加工しておこなう歌枠のこと）のサムネイルです。「ケロケロ」という語感が印象的だったので中央に配置して、イラストの雰囲気に合わせてサイバー感のあるデザインに仕上げました。

よしか⁂　デザイン：沙雨イニ　イラスト：菊月

誕生日LIVEということで、コンサートやライブ感を演出するために「オリジナルペンライト」をあしらい、お祝いのライブにふさわしい華やかな雰囲気に仕上げました。

夜枕ギリー

Yomakura Gillie

デザイナー

バラエティ系の企画やラジオ配信を中心に活動しています。また、デザイナーとして個人VTuberや企業様のお手伝いをしています。好きな作業は文字のカーニング。

作るうえでのこだわりは？

内容を伝えたいのか、雰囲気を重視したいのかなど、
目的を明確にしたデザインを意識しています。
また、つい文字や要素を増やしてしまいがちなので
自分でも「やりすぎかな?」と不安になるくらいの
思い切った文字サイズやレイアウトにも挑戦しています。

夜枕ギリー / 千夜イチヤ / もちはむ / バーチャル悪霊　デザイン：夜枕ギリー　イラスト：瀬白しぐれ / 朱里 / こさつね

先生役のVTuberに授業をしていただくという企画内容に合わせて、子ども向け番組をモチーフにした表現を取り入れています。

夜枕ギリー / 常世モコ / 夜空ツキミ / バーチャルグソクムシ　デザイン：夜枕ギリー　イラスト：Owozora / 空乃はく / うゆゆーん

ウミガメのスープという推理ゲームのコラボ用サムネイルです。ロゴが映える素材を活用しつつ、大きく見せるために人物の配置を工夫しています。

夜枕ギリー　デザイン：夜枕ギリー　イラスト：Owozora

原色の多用とエフェクトでインパクトのある見た目を狙いつつ、要素を絞ることでゴチャゴチャ感を抑えています。

夜枕ギリー　デザイン：夜枕ギリー　イラスト：Owozora

企画内容に合わせスケッチブックでメッセージを伝えるという、テレビの大喜利番組などでおなじみの表現を再現しました。

夜枕ギリー　デザイン：夜枕ギリー　イラスト：眞田咋

定期配信用のサムネイルなので、流用する前提で制作しました。無彩色と組み合わせることにより、メインカラーを差し替えるだけで見栄えがするように工夫しています。

夜枕ギリー　デザイン：夜枕ギリー　イラスト：Owozora

背景素材の活用や、文字の効果、アバターの主張など「VTuberっぽさ」を意識して制作しました。

夜枕ギリー　デザイン：夜枕ギリー　イラスト：Owozora

配信タイトルありきで、あまり時間をかけずにインパクトのあるサムネイルを作りました。

夜枕ギリー　デザイン：夜枕ギリー　イラスト：明日あした

配信の切り抜き動画用サムネイルです。インパクトを意識しつつも、配信者にとってつらいテーマなので、深刻な雰囲気にならないようにしました。

夜枕ギリー / 大福らな　デザイン：夜枕ギリー　イラスト：Owozora / 眞田咋 / 八七橋奈菜彩

老人会という昔話が中心の自虐を含んだ企画だったので、あえて今風のテイスト&可愛い配色でギャップを狙いました。

千夜イチヤ　デザイン:夜枕ギリー　原案イラスト:フラスコの水垢　3Dモデラー:ミスイセン　イラスト:朱里(しゅり)

ファンから愛されているマスコット(?)であるキャラクターの愛くるしさが生きるように、自由気ままに走り回る様子を表現しました。

常世モコ　デザイン:夜枕ギリー　イラスト:空乃はく　3Dモデラー:すやすや酢屋

映画大好きVTuberという肩書きを大切にして、フィルムやカチンコなど、メインの活動である映画関連の要素をちりばめました。

kentax

デザイナー&トラックメイカー

企業から個人、ビジネスからエンターテインメント。デザイン全般から音楽・映像、企画・ディレクションなども含むクリエイティブ全般の制作が可能です。

作るうえでのこだわりは？

瞬間的に伝わる構成を意識し、
要素の優先度がわかりやすいデザインを心がけています。
継続して使用するサムネイルなどは、
拡張性と差し替えが容易にできる構造で作っています。

犬山たまき　ごごん / うさねこメモリー / えがきぐりこ　デザイン：kentax　番組企画：LUCO inc.　©のりプロ

要素が多いので、メリハリを意識しつつ、重心がブレないようにしてあります。ゲストとMC、テキスト情報を分離して、理解度の向上を狙っています。

ビースプロジェクト　デザイン：kentax

ラジオ番組として連番になるため、メンテナンスがしやすく、出演者がわかりやすい形を適用しました。シンプルにしたことにより、100回以上の放送に対応できました。

美海塚(みみつか)たるる / 宅島(たくしま)ラン / 紐途(ちゅうと)　デザイン：kentax

女性が3人並ぶので、可愛らしい感じを目指しました。ポップにしつつ、キャラクターが埋もれないように意識してオブジェクトを配置しました。

宅島ラン　デザイン：kentax　イラスト：sagoi

モデルアップデートの期待感と清楚感、落ち着いたキラメキ感。テキストが必要以上に強くならないようにバランスをとっています。

燐斗　デザイン：kentax　イラスト：まゆつば

キャラクターの持つ「かっこよさ」を引き立てるために、バックグラウンドとフロントのコラージュ、キャラクターへのシャドウなどを細かく調整しました。

天間舘ルシエ　デザイン：kentax　イラスト：れぇぐ

恐怖の雰囲気を前面に押し出すために、全体の処理にスキャンラインやグリッチを適用、コントラストも強めにしてアナログテレビ感を出しています。

べすぱ　デザイン：kentax

モデルのポーズ、表情も担当し、全体的にポップで楽しい雰囲気のある温度感になるように調整しました。コントラスト比も強くして、目にとまるようにしています。

美海塚たるる / 宅島ラン　デザイン：kentax

仲良しオフコラボなので、本人たちの「やる気」と「おとぼけ」をテキストで強く出すようにしました。背景にもさり気なく賑やかしのテキストを入れるなどしています。

べすぱ　デザイン：kentax

とにかく「気楽に」「楽しく」「面白く」を目指して、表情やポージングからロゴの色合いまで、見ていてウキウキするような形にしました。

kentax　デザイン：kentax

シンプルな「フレーム」「キャラクター」「テキスト」で構成しています。入れ替えがスムーズにできるフォーマットとして、要素の最大数などの情報に重点を置いて調整しました。

kentax　デザイン：kentax

キャラクターとテキストで内容を瞬時に理解できる形を目指して、コントラスト比を高く設定しました。メインテキストに次いで2番目に目に入る関連キーワード（両脇にある縦書きのテキスト）を賑やかしとして入れ、数秒見た後に認識できるように設計しました。

テキストデザインのワンポイント

**テキストは視聴者に言葉で情報を届ける大事な要素。
正しく情報を伝えるためのコツを押さえよう**

そのサムネ、縮小されても読めますか？

フォントによって、1文字の中の隙間の詰まり具合が違います。極端に太いフォントを使うと、縮小された際に読めなくなってしまう恐れがあるので、注意が必要です。

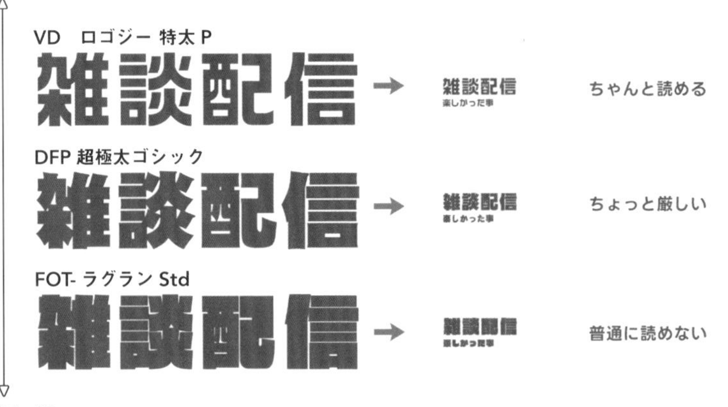

例えば上の3種のうち、特にFOT-ラグランStdは最も太く、線の間にスペースがほとんどありません。1920×1080のサイズで作っても、Xの画像投稿なら512×288で表示され、YouTubeの関連動画欄だと168×94のサイズまで縮小されます。スマホやモバイル端末ではさらに小さくなることも。
すべての文字が読める必要はありませんが、タイトルやキャッチコピーなど重要なテキストは、ある程度縮小されても読めるフォントを選びましょう。

フォント選びの基本

文字を含むデザインにはフォント選びも重要です。洋風ならゴシック体、和風なら明朝体や毛筆フォントなど、「世界観」に合った書体にします。色味も合わせましょう。読みやすくするには、印象づけたい短いキーワードには「インパクトのあるフォント」を、じっくり読んでほしい長めの文には「シンプルで読みやすいフォント」がいいですよ。

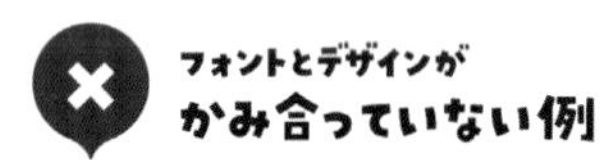

フォントと世界観がチグハグ。長文に特徴的なフォントを使うと読みづらい

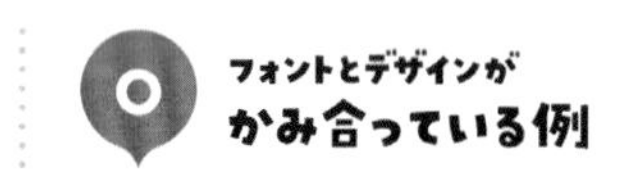

世界観に合ったフォント。キーワードが太字で際立ち、しっかり目にとまる

テキストのデザイン技法「カーニング」

文字と文字の間のスペースを調整することを「カーニング」といいます。ひらがなやカタカナは広がって、画数の多い漢字同士は詰まって見えがちです。そのままだとチグハグな印象を与えるので、1文字ずつ隙間の見た目を整えましょう。細かい調整が必要なので、ショートカットキーを覚えておくと楽ですよ。

ひらがな・カタカナは
広がって見えがち

漢字は
詰まって見えがち

記号も
それぞれ

マシュマロもぐもぐ配信やるわよー！

マシュマロもぐもぐ配信やるわよー！

見た目の文字間隔が均等になってチグハグだった印象が解消

プロクリエイターから教わろう!

Section 3

実例で学ぶ

デザイン

「キャラロゴ」はVTuberにとって「第2の顔」とも呼べる存在。顔だからこそ、キャラロゴもVTuberごとの個性が光ります。その制作過程から完成までの過程を、VTuber「ドラク・ワイバーン」さんのキャラロゴをもとに紹介します。

センスはないし、何から始めていいのか、イメージが湧かないんです……

VTuberを目指す
かけだしVさん

自分の特徴を言葉で書き留めておくといいよ。アイデアスケッチを文字で書き出してみましょ!

デザイン系VTuber
モンブランさん

こちらは**VTuberのドラク・ワイバーン**さん。
この子は、**ドラゴンをイメージした手と翼**、
少し眠そうな目が特徴的なVTuberさんです

ドラク・ワイバーンさんロゴ

ツールは、**Adobe Illustrator CC**。
所要時間は**約6時間**。次のページから流れを説明します

ワクワクしてきました！　お願いします！

STEP1
観察&情報収集

ドラク・ワイバーンさんの特徴的なパーツ

好きなVTuberのロゴを集めて自分の理想と合わせてみよう

自分のキャラクターの「名前」や「プロフィール」に合った容姿、配信での「言動」などの特徴を書き出していきます。参考になるネットサイトはいろいろあるので、誰かの「推しマーク」（推しを表す絵文字）を観察したり、方向性が近いロゴの例を集めたりして、自分の中に参考例をためていきましょう。

ボクはGoogle検索やPinterestのおすすめ表示などを参考にしています

モンブランさん

かけだしVさん

参考になるサイトはいろいろあるんですね

STEP2
ラフを起こす

初期のラフデザイン

集めたアイデアやイメージをいったん可視化してみる

STEP1で集めたアイデアを形に起こしていきます。紙やタブレットのペイントアプリなどで、手描きでもデザインツールでもいいので「今浮かんだものを、すぐに描き出せる状況」を作り、パーツを組み合わせたり分割したり、さまざまなラフ案を描き起こしていきます。

モンブランさん

いきなり具体的な完成イメージを目指すのではなく、
小さく、手前の段階からアイデアを出していくと
「どう作ればいいかわからない」状態を防げます。
「センスがない」と行き詰まりやすい方は、
STEP1、2をやってないか、足りていないことが多いかも

STEP3
ロゴのシルエットを探る

黒ベタのシルエット段階のロゴ

ラフから厳選し、まずはシルエットで形を決める

STEP2で起こしたラフのなかで「これだ!」と感じた1案~数案を、デザインツールを使って作成します。最初は色を入れず、単色で作成してロゴの形を決めていきます。上のロゴはフォントをアウトライン化してパスを調整していますが、最初からフリーハンドで作成する場合もあります。

かけだしVさん

最初、色を入れないのはなぜですか?

ロゴの形やバランスなどにデザイナー自身が集中しづらくなるからです。ロゴはいろいろなシーンで使われることが多いので、単色で使われるのを想定していることもあります

モンブランさん

STEP4

色をつけていく

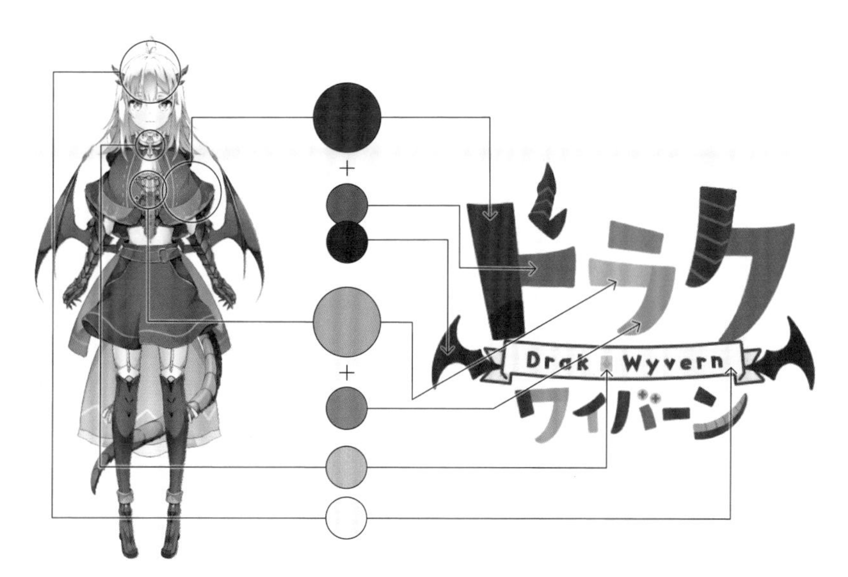

着色イメージ

マッチする色を、キャラクターを参考に探っていく

形が6～7割ほど決まったら、色を決めていきます。キャラクターの服装や髪・目などから特徴的な色を抽出し、ロゴにマッチする色を探します。抽出した色の濃淡や色合いを調節しつつ、陰影や立体感を出すこともこの段階で考えます。

イラストの色をそのまま使ってない！　なぜですか？

かけだしVさん

モンブランさん

イラストにはいい色でも、
色数やグラデーションの少ないロゴにそのまま入れると
くすんでしまうこともあるので、調整するんです

STEP5
細かい調整をして、完成形へ

ブラッシュアップ後のロゴ

「これでOK？」と問いを重ねながらブラッシュアップ

これで完成！ と終える前に、まずは一呼吸。「形、色は本当にこれでいいか?」「実際の配信画面やSNS投稿に問題のないデザインか」など、さまざまなことを想像・想定しながら細かい部分を調整、ブラッシュアップしていきます。

あと少しですが、この時間が最も長くかかることもあると思います

試行錯誤しちゃいそうですね

STEP6

データを整えて、完成！

状況に合わせたロゴパターン

どう使われるか、いろいろな場面を考えて

キャラロゴはいろいろな場面で活用できます。他のVTuberとコラボすることもあるでしょう。どんな使い方にも適応できるように、例えば配信の際の背景と色カブりしないように考慮して「複数の色ベタパターン」や「白の縁取りを作成したもの」なども用意しておくことをおすすめします。

「どう使うか」を意識して
バリエーションを作っておくってことですね

かけだしVさん

モンブランさん

そうそう。備えあれば憂いなし

九埜かぼす

Kuno Kabosu

グラフィックデザイナー

ロゴデザインを中心に、配信画面やグッズデザインなどを制作しています。コンセプトをシンプルに表現するのが得意。クリエイターを集めた企画を多数主催しています。

作るうえでのこだわりは？

VTuberさんがお名前に込めた想いやコンセプト、
お好みやイメージなどをお聞きし、
そのVTuberさんらしさをわかりやすく
デザインに落とし込むようにしています。

デザイン：九埜かぼす ©Nextopia

スターが生まれる場所、あなたが輝ける場所、といった意味を込めて、複数のモチーフを合わせて惑星に見えるように作ったロゴデザインです。

羽澄さひろ（YouTube：@HasumiSahiro） ©VEE
デザイン：九埜かぼす

キャラクターデザインの色味をベースに、柔らかいイメージで作りました。繊細な色で淡い印象のVTuberさんなので、儚い印象を保ちつつも視認性が維持されるようにこだわりました。

星乃すな　デザイン：九埜かぼす

夜空と砂時計をモチーフに、キラッと綺麗めなデザインで作りました。星の精霊さんということで、神秘的な雰囲気も出るようにまとめています。

春乃こね子　デザイン：九埜かぼす

猫、桜、菜の花をモチーフに、春の陽気の中にいる猫のように、ほっとする印象のロゴデザインを、とのオーダーで制作しました。ぽかぽかと暖かく優しいイメージで作りました。

朔夜トバリ　デザイン：九埜かぼす

VTuberさんのBAR Lumen Lunaeのロゴデザインを作りました。猫、夜、カクテルをモチーフに、しなやかで落ち着いた、お洒落なデザインに仕上げました。

香坂まゆ　デザイン：九埜かぼす

VTuberさんが通っている櫻学園の校章のロゴデザインを作りました。桜をモチーフに、女性らしく綺麗めな印象で仕上げています。

小愛あむの　デザイン：九埜かぼす

プレッツェルと猫を組み合わせ、シンプルで柔らかい印象のロゴデザインを作りました。グッズ化した際に普段使いしやすいようにも気をつけました。

天草フラン　デザイン：九埜かぼす

ケーキ大好き魔法使いさんのロゴデザインを作りました。コンセプトに沿い、ラベルシールのように使っていただけるデザインとなっています。

サニーレイニィ　デザイン：九埜かぼす

それぞれ太陽と雨をモチーフとしているVTuberさんのユニットのロゴデザインを作りました。お二人のご衣装をデザインに落とし込みながら、お洒落にまとめました。

猫百合イッサ　デザイン：九埜かぼす

ポーション瓶をメインモチーフにお花やキラキラをあしらって、ファンタジー感のある可愛らしいデザインにまとめました。

よしか⁂　デザイン：九埜かぼす

さつまいものお花と誕生花のアマリリス、アイドルとしての輝きを表現したキラキラを組み合わせてロゴマークを作りました。

エコー・プラネット　デザイン：九埜かぼす

宇宙、お花、黄色いくまをモチーフに、ふんわりドリーミィなロゴデザインを作りました。コンセプトを詰め込みながらも、単色でも問題なく使っていただけるデザインです。

かぼくしゅか　デザイン：九埜かぼす

「ペンギンと働いている郵便屋さん」がコンセプトとのことで、ひつじペンギンというオリジナルマスコットキャラクターとお手紙をモチーフに作りました。

りちゃむ　デザイン：九埜かぼす

VTuberさんのお姿の黒い羽をモチーフに、シンプルでお洒落なロゴデザインに仕上げました。グッズを普段使いできるように、ユニセックスで使っていただけるよう意識しました。

誘宵あまね　デザイン：九埜かぽす

可愛くてゴスロリ風のロゴデザインをとのオーダーで作りました。逆さまのハートやリボンなど、衣裳のデザインを文字に取り入れています。

姫宮まいか　デザイン：九埜かぽす

いちごとくまをモチーフに取り入れ、童話のような可愛らしいロゴデザインを作りました。小さいお花やリボンもあしらい、女の子らしくまとめています。

ジトメ宙　デザイン：九埜かぽす

ジト目×空のコンセプトで作りました。空の色（時間帯）違いのバリエーションがあり、2つ並べるとジト目でこちらを見つめているように見えるというギミックがあります。

夏宮らむね　デザイン：九埜かぽす

ラムネをイメージした、しゅわっと爽やかなロゴデザインを作りました。ビー玉やキラキラをたくさんあしらって、華やかな雰囲気で仕上げています。

望田れん　デザイン：九埜かぼす

クールなようで、どこか可愛いオオカミのVTuberさんのロゴデザインを作りました。寒色系の色味でまとめながら、丸みのある文字デザインで、クールにも可愛いにも寄りすぎないようにしています。

恣ノ宮うか　デザイン：九埜かぼす

地雷系、病み可愛いロゴデザインを、とのオーダーで作りました。黒とピンクをベースに、リボンやハートをあしらってキュートに仕上げています。

美菜猫まい　デザイン：九埜かぼす

猫をモチーフとした、丸くて可愛らしいロゴデザインを、とのオーダーで作りました。猫のしっぽのような線とリボンを組み合わせて文字を表現しています。

小東こあず　デザイン：九埜かぼす

クールな性格の男の子のロゴデザインとのことで、黒を基調にスタイリッシュなデザインにまとめました。波やお魚など、海の要素も文字に落とし込んでいます。

モンブラン

MontBlanc.

グラフィックデザイナー × VTuber / Adobe Community Expert

会社員／個人ともにグラフィックデザイナーとして活動。デザイン系VTuberとしてデザイン制作配信もしている。

作るうえでのこだわりは？

調査と観察を重視しています。
類似性・競合性などを調査し、
キャラクターや企画内容を観察するなどして、
特徴や差異点などを見出し、 クリエイティブに昇華させます。

宙星ルカ　デザイン：モンブラン

推しマーク（推しを表す絵文字）になっている雷や星を主軸にあしらいました。当初、服装の色と合わせて黒の予定でしたが、クールやシックなイメージが先行しそうだったので、淡めの紺色に調色しました。

ぽてちゃん（子舘ぽて）　デザイン：モンブラン

キーカラー、サブカラーなどをVTuberさんの色の割合に合わせて作成しました。「ぽ」の上にはご本人の特徴的なくせ毛をあしらっています。「ぽ」「ぽてちゃん」を単体で使用する可能性も考慮して作成しています。

ドラク・ワイバーン　デザイン：モンブラン

ワイバーン（イギリスの紋章などに見られる、竜の図像から派生した架空の怪物）であるVTuberさんのツノや翼、しっぽなどの身体的特徴を、テキストのあしらいとして組み合わせています。

りぃふぃ　デザイン：モンブラン

セクシー＆ポップがテーマ。VTuberさんの特徴を色で表し、声優さんという職業的特徴からマイクをあしらっています。

雛田（ひなた）マグ　デザイン：モンブラン

推しマークなどにも使っている「怒り」マークやひよこのモチーフを入れています。怒りマークは外側に出してしまうと感情的な怒りに見えやすいので、「田」の漢字に溶け込ませるようにデザインしています。

御空（みそらの）しお　デザイン：モンブラン

お名前の「御空」から、日本の伝統色である“み空色”をキーカラーに採用したり、昼の雲や夜の星をあしらっていろいろな側面の空を表現したりしています。

しらたきれん　デザイン：モンブラン

目を光らせる決めポーズをテーマに、光る十字マークを大きく配置しています。VTuberさんのキーカラーや推しマークも、各文字部分にあしらっています。

りぼんちゃん　デザイン：モンブラン

ゲームイベントのロゴです。「あの手この手で勝つ」をイメージして、ロゴからたくさんの手が伸びているモチーフや、少し不気味な配色などを意識してデザインしました。

織部(おりべ)コウ　デザイン：モンブラン

タロットや占いをするVTuberさんなので、そのイメージをキーカラーやオブジェクトに。チャームポイントの角を両サイドにあしらいました。

黒狼がお
×××Kokurou Gao×××

黒狼(こくろう)がお　デザイン：モンブラン

羽や髪をモチーフに、VTuberさんの明るくわちゃわちゃしたイメージに合わせて仕上げました。

優海（うみ）　デザイン：モンブラン

VTuberさんのトレードマークや配信中の合言葉「ざっぱ～ん」をイルカと波であしらい、パステル調のエモーショナルなイメージで仕上げました。

おこめ　デザイン：モンブラン

VTuberさんの色合いや特徴をふんだんに取り入れ、可愛い仕上がりに。白基調のキーカラーのため、視認性が損なわれないギリギリのラインでカラー配色をおこなっています。

雛乃（ひなの）こまる　デザイン：モンブラン

VTuberさんの衣装やキャラクターなどの特徴をあしらい、"こまる"の語源を困っているひよことして表現して、作成しました。

清楼銘（しんろうめい）　デザイン：モンブラン

衣装などの身体的な特徴が変わる一方で、3DVR空間での配信であること、かつ中国的なお名前であることから、「チャイニーズサイバーパンク」をテーマに雲などをあしらい、全体的にサイバー感を意識したデザインにしています。

ちろん　デザイン：モンブラン

VTuberさんのイメージから、テキスト自体はシンプルに、特徴的なスカーフのモチーフをパーツ要素にあしらいました。

鏡水夜龍（かがみやりゅう）　デザイン：モンブラン

VTuberさんの活動内容であるタロット占いや、テキストの漢字ごとに、モチーフのデザインをあしらっています。4文字の漢字がデザイン的に重くなりがちなので、湖をイメージした斜線で少し切り取って圧迫感を軽減させています。

蒼波琉彩（あおばるい）　デザイン：モンブラン

VTuberさんの大好きな海のイメージをロゴ全体にあしらい、蒼のイメージやストライプを意識して制作しています。

白熊くらうど　デザイン：モンブラン

スイーツの"しろくま"が好きで、その要素を入れてほしいとのご依頼。丸い論の中にパイナップルやミカンなどのフルーツや、VTuberさんのマスコットキャラを組み合わせて、ポップで アイス感のあるロゴに仕上げました。

子舘ぽて　デザイン：モンブラン

もとの「ぽてちゃん」のロゴにあったディテールや後れ毛を活かしつつ、新たな衣装や印象に合わせて、ポップで中性的なイメージを意識して制作しました。

アビス・クラウン　デザイン：モンブラン

キャラクターのテーマである「堕天使」のイメージから、黒と金を基調にした色使いを採用。天使の輪っかはあえて引っかかっているようにあしらうことで、天使としてのありようを置いてきたイメージを出しています。

神乃恵竜　デザイン：モンブラン

特徴的な翼を“乃”の部分に直接的に配しています。この翼のビジュアルとマッチするように、少しクリスタル調の色合いで作成しました。

渚ゆら　デザイン：モンブラン

VTuberさん主催のゲームイベントのロゴです。VTuberさんのキーカラーや雰囲気をテキストに表現。常に抱えているパンダをロゴに直接あしらいました。

蝶舞シメジ　デザイン：モンブラン

VTuberさんのファッション性の高さ、エレガントさを線の細さを意識してデザイン。金色部分にはVTuberさんが着けているお気に入りのアクセサリーをあしらいました。

ろき　デザイン：モンブラン

VTuberさんの髪色や、基本となる衣装の淡めのエメラルドグリーンをベース色に。まわりのあしらいには、ろきさんのサブキャラクターやユリの花をあしらっています。

刹麻呂　デザイン：モンブラン

名前の「刹」をイメージした、少し鋭利でスピード感のある斜体を採用しつつ、まわりにあしらっている紐も各所にちりばめました。

年輪菓子　デザイン：モンブラン

年輪菓子さんの名前の由来“バームクーヘン”とシャンパンのモチーフを使って、ポップなビジュアルに。バームクーヘンの形や、4文字は横長になりがちなことから、2列で正方形のロゴを配置しました。

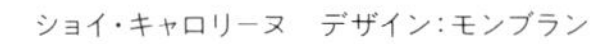
ショイ・キャロリーヌ　デザイン：モンブラン

ご要望いただいたゴシック調のロゴ、かつ黒色のイメージに。キーカラーであるオレンジは抑えめにして、シックなロゴにデザインしました。

清楼銘（しんろうめい）　デザイン：モンブラン

キーカラーの藍色をベースに、VTuberさんの衣装にちりばめられている絆創膏やベルトをロゴに配置。以前のロゴよりもポップ、キュートなデザインに再調整しました。

恋色知花（こいろちか）　デザイン：モンブラン

VTuberさんがこれまで使っていたロゴの色合いや、あしらいの一部を活かしつつ、ポップ&キュートをテーマに作成しました。キャラクターのキーカラーで染めつつ、象徴である花を大きくあしらいました。

猫森彩奈　デザイン：モンブラン

テキストのまわりの黒フチを太めにして、ポップ感を出しています。まわりにはご要望いただいていたホログラム調のフチを追加して、ファンシーな印象も入れました。

迷わない配色のセオリー

配色のお決まりパターンを覚えておくと、
調和する配色を簡単に作ることができる

キャラの配色を真似しよう

ロゴ、 サムネイル、 オーバーレイなど、 VTuberの周辺デザインはいろいろありますが、 いずれもキャラクターの配色から派生させた色を使うことで、 統一感のあるデザインになります。 キャラクターデザインに存在しない色を使いたい場合にも、 ブランドカラーと明度（明るさ）や彩度（鮮やかさ）を合わせるとか、補色（反対色）を選ぶなど、何らかの関係がある色を選びましょう。

配色の黄金比を意識しよう

「70：25：5」の比率で配色すると、 バランスがとれやすいと言われます。 基調となる「ベースカラー」、 彩りを加える「メインカラー」、 強調するための「アクセントカラー」 などと使う色の比率を変えると、 色に役割を持たせることができます。同じ色数でも、 比率を変えることで大きく印象は変わります。

ベースカラー（70%）　アクセントカラー（5%）　メインカラー（25%）

配色のお決まりパターンを覚えておこう

調和しやすい色の選び方として、 下のようなパターンがあります。 キャラクターのブランドカラーをベースに組み替えることで、 調和のとれた配色を簡単に見つけることができます。

ドミナント・トーン配色

トーン（明度と彩度）を揃える配色です。 高明度+高彩度で柔らかさを出したり、低明度+中彩度で落ち着いた印象を与えられたりします。

ドミナント・カラー配色

同系色で揃えた配色です。 温かみがあって和やかな暖色系、 クールで清潔感のある寒色系など、 色の持つ印象を押し出すことができます。

モノクローム配色 （モノクロマティック）

単色と無彩色（白、 黒、 グレー）で構成され、 テーマカラーのイメージを強烈に与えることができる、 ドラマティックな配色です。

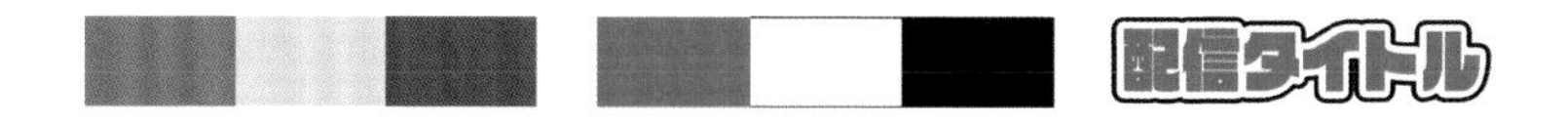

コンプリメンタリー配色 （ダイアード）

色相環上の反対色（補色）で構成され、 明快でダイナミックな印象を与えます。境界がチカチカする「ハレーション」に注意が必要です。

プロクリエイターから教わろう!

Section 4

実例で学ぶ

オーバーレイデザイン

配信オーバーレイ（配信フレーム）や背景はキャラクターが生きて動く空間で、そのコーディネートはVTuberの世界観を表します。フリー素材を使って自分で作る方もプロに依頼する方もいますが、どちらにも役立つコツをご紹介します。

自分の部屋を設計するなんて、想像するだけでワクワクします

VTuberを目指す
かけだしVさん

ですよねー。
最初からすべて揃える必要はないので、ひとつずつ考えていきましょう

グラフィックデザイナー
九埜かぼすさん

よくあるオーバーレイの画面は
雑談用、ゲーム用、歌枠用の3種類。
それぞれでレイアウトやパーツも変わります

九埜かぼすさん

かけだしVさん

配信内容によって、見せ方は変わるんですね

羽澄さひろさん（YouTube：@HasumiSahiro）のオーバーレイ

画面デザイン：九埜かぼす　©VEE

はい。ゲーム配信ならゲームの画面が大きく見えるように、
雑談配信ならキャラを前面に出して対話しているようにと、
見せたい物や作りたい空間に合わせてレイアウトを考えます

九埜かぼすさん

朱瀬オトさんのオーバーレイ

かけだしVさん

お部屋の場合は、デザイナーさんではなくイラストレーターさんにお願いすることもできるんですね。迷っちゃうな〜

STEP1 コンセプトを固める

柴門(しばかど)ゆりりさんのオーバーレイ

具体的な活動イメージを想像しながら「世界観」を築く

自作でも外注でも、まずは「コンセプト」や「世界観」を固めることからスタート。他のVTuberの作品だけでなく、映画やライブ、漫画なども参考になります。いろいろやろうと欲張らず、取捨選択することも必要です。「いちばん力を入れたい場面」をイメージし、見てほしい優先順位をつけましょう。活動内容を絞って1種類のレイアウトで勝負！という方もいます。

外注するなら「名前の由来」や「細かい設定」なども先に伝えるといいですよ。もしも活動のイメージや配信用途が複数あるなら、それもあらかじめ伝えてくださいね

九埜かぼすさん

STEP2

必要なアイテムを準備

日和ちひよさん（YouTube：@HiyoriChihiyo）のお部屋

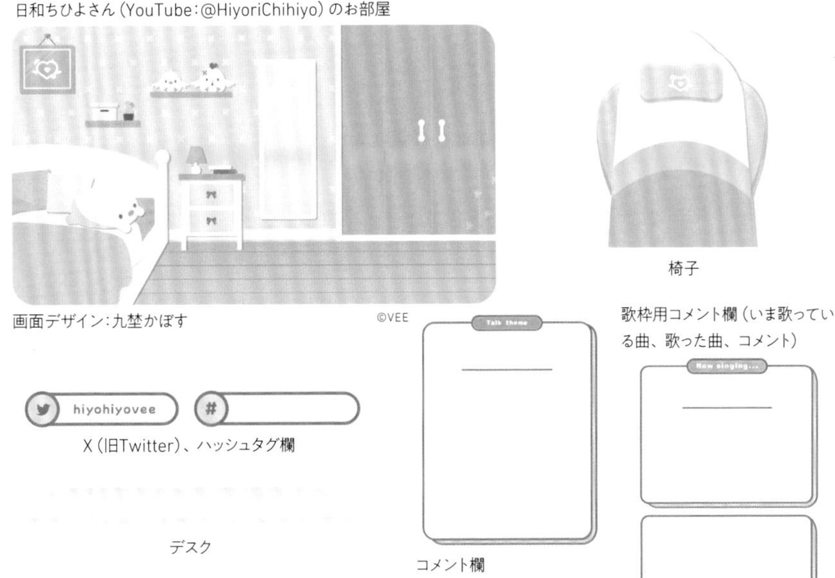

画面デザイン：九埜かぼす

©VEE

椅子

歌枠用コメント欄（いま歌っている曲、歌った曲、コメント）

X（旧Twitter）、ハッシュタグ欄

デスク

コメント欄
（トークテーマ欄＋コメント欄）

配信画面に必要なアイテムはパーツ別に用意すると便利

ロゴ、ハッシュタグ&SNSのアカウント、ゲーム配信ならゲームスクリーン表示領域、お知らせ表示用の領域、時刻表示、コメント欄など、配信画面に載せたいアイテムはたくさんあります。配色やあしらいなどは揃えて統一感を保ち、配信ごとにアレンジできるようにパーツ分けしておくと便利です。

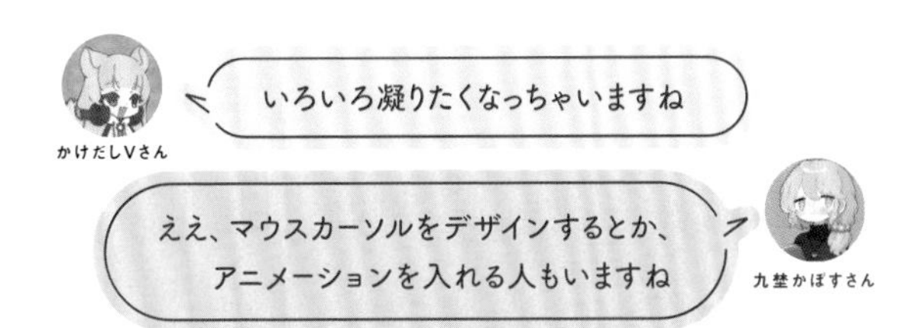

いろいろ凝りたくなっちゃいますね
かけだしVさん
ええ、マウスカーソルをデザインするとか、
アニメーションを入れる人もいますね
九埜かぼすさん

STEP3

世界観の作り込み

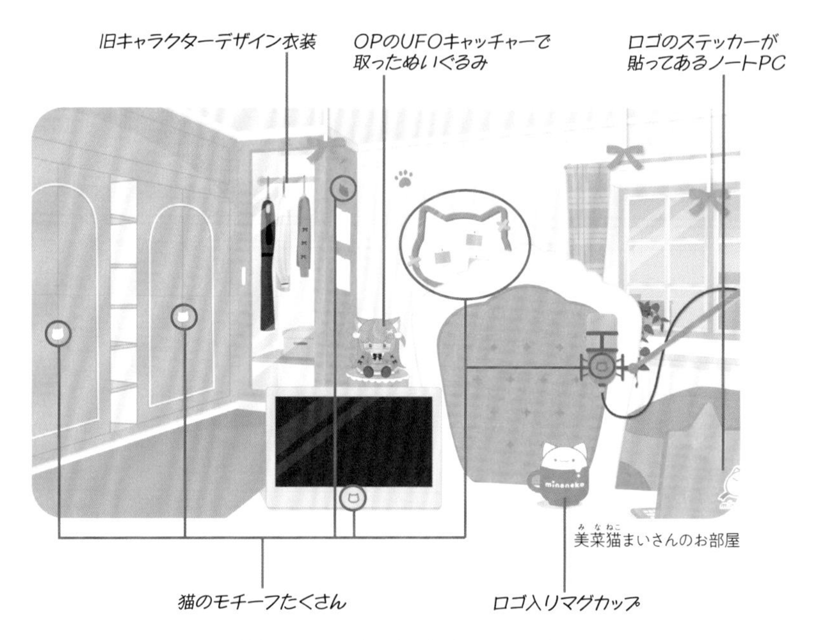

美菜猫まいさんのお部屋

空間やストーリーをデザインしよう

キャラクターのコンセプトに合わせて、アイテムや色などを揃え、お気に入りのグッズや好きな食べ物、趣味の物、または表の設定にはない「隠し要素」などを入れてもいいでしょう。ただし部屋に凝りすぎると、キャラクターが映えなくなる危険も……。初見の視聴者にも「どういうストーリーや設定があるのか」がわかるお部屋になっているといいですね。

かけだしVさん

私、周年記念のときにケーキを置きたいです！

九埜かぽすさん

いいですね。画面の中やお部屋背景に物語性を持たせても素敵ですし、ロゴやキャラクターに入りきらなかった要素をここに入れることもできます

SPECIAL POINT 1

アレンジで飽きのこない配信に

背景：唐揚丸　ロゴやコメント欄などグラフィックまわり：九埜かぽす

カスタマイズできる柔軟性を持たせておく

机に小物を置けるスペースを用意したり、パーツ分けしたりしておくことで、配信ごとにアレンジできる柔軟性を確保できます。例えば朝活や夜配信、天気などで窓の外の景色が変わったり、ハロウィン配信なら照明や装飾を変えるなど、視聴者に同じ時間軸で同じ空間にいるような感覚を与えられます。

後から柔軟性を持たせるのは難しいので
制作前に想像を膨らませておきましょう

九埜かぽすさん

私、ホラー配信もやりたいので、
ダーク寄りのカラーバリエーションがほしいです！

かけだしVさん

SPECIAL POINT 2
シーントランジション

香坂まゆさんのトランジション（ロゴデザイン：九埜かぽす　トランジション制作：POhL）

場面の切り替えを魅力的にするアニメーション

OBSなどの配信ツールでシーンを切り替える際に、「シーントランジション」という切り替えエフェクトを設定できます。まずはデフォルトのトランジションを試しつつ、慣れてきたらトランジション用のムービーファイルを買ったり作ったりするといいでしょう。

かけだしVさん：かっこいいですね！　ちゃんと組まれた番組みたい

九埜かぽすさん：アニメーションまで対応できるデザイナーさんであれば、一緒に頼むといいですね。
私の場合、よくロゴとセットで依頼を受けます

SPECIAL POINT 3

シーンごとの追加レイアウト

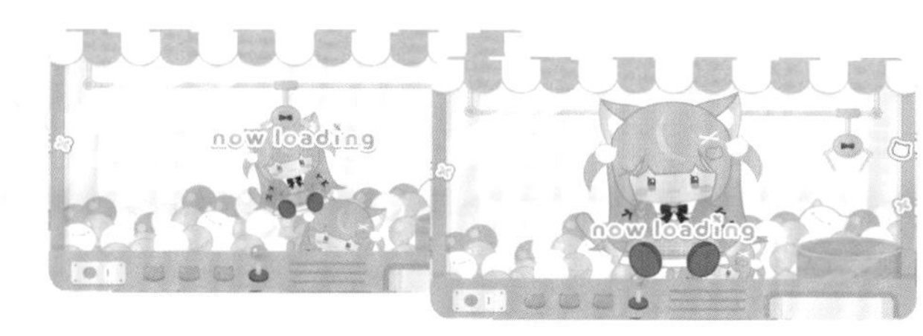

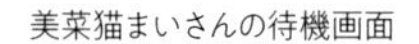

美菜猫まいさんの待機画面

終了画面

（グラフィック：九埜かぼす、映像：POhL）

いろいろ揃えて配信全体を作り込もう

メインの画面のほかに、配信開始前の待機画面、OP（オープニング）やED（エンディング）のミニムービー、各シーンのトランジションなども用意すれば、フルセットだと言えます。

かけだしVさん

すべて最初から用意しておくほうがいいんですか？

いえいえ、徐々に増やしていけばいいと思います。
OPやEDにニュースやお知らせを表示できるスペースを
用意する人もいますね

九埜かぼすさん

ごごん

gogon

グラフィックデザイナー

インターネットデザイナーをしているサメ。2020年10月から活動。

作るうえでのこだわりは？

1番目のこだわりはキャラクターです。
背景が目立っても、キャラが目立たないと背景の意味がない。
そのためにはキャラクターの世界観が増幅されるような
デザインを心がけています。

石黒千尋©SMR　デザイン：ごごん　イラスト：姐川

紫を基調とした色彩と装飾的な要素で構成された、シンプルながらもモダンを合わせたレイアウトにしています。神秘的な枠にバラを可愛く取り入れたデザインです。

佐倉みか　デザイン：ごごん　イラスト：マコミック

[上] パステルな色合いを基調に可愛さ全開、かつお洒落なデザインに落とし込み制作しました。デザイン全体からは、親しみやすさと優しさが感じられ、同色のキャラクターでも際立つレイアウトにしました。
[下]「くまさんの手紙」をコンセプトに制作しました。ワッペンと覗いているくまさんが特徴的な、ゲーム配信での使用を考えたデザインです。

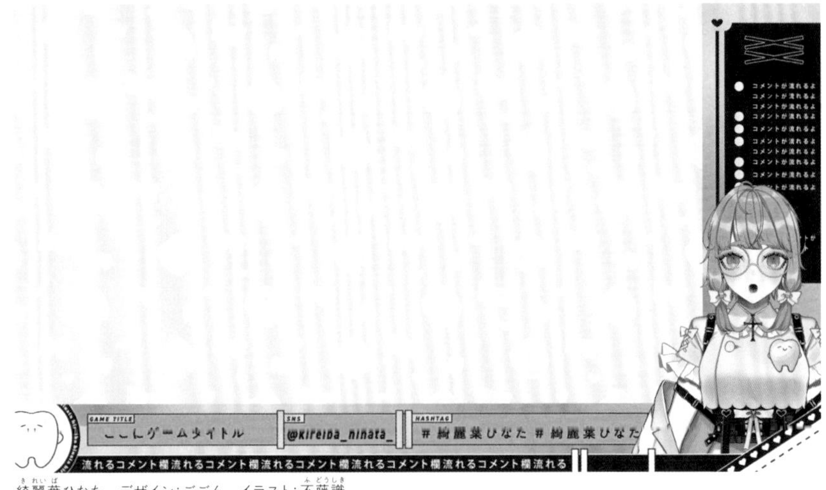

綺麗葉ひなた　デザイン：ごごん　イラスト：不藤識

[上] 大人ガーリーなデザインとリボンをふんだんに使用したデザイン。キャラクターデザインの特徴的なベルトやアクセサリーを、レイアウトや枠のデザインで取り入れました。
[下] ゲームオーバーレイ。ピンクの背景に白い歯とハートのシルエットがちりばめられた、ゲーム配信での使用を考えたデザインです。

藍坂（あいさか）しう　デザイン：ごごん　イラスト：memeno

赤色を基調とした色彩と装飾的な要素で構成されたシンプルさと、ワッペンを合わせて、可愛らしさとスマートさのあるデザインにしました。

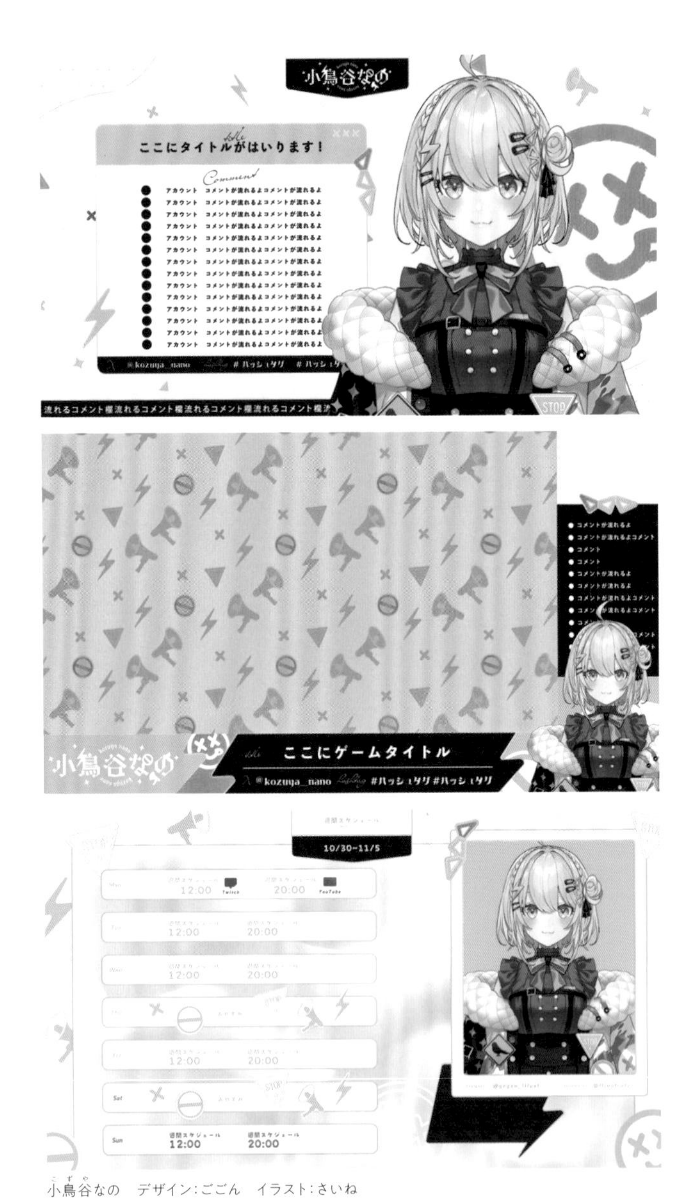

小鳥谷(こずや)なの　デザイン:ごごん　イラスト:さいね

黄色と黒の色彩をメインに、キャラクターデザインの特徴的な装飾をアイコンにして構成しました。画面いっぱいが賑やかで、元気溢れるデザインです。

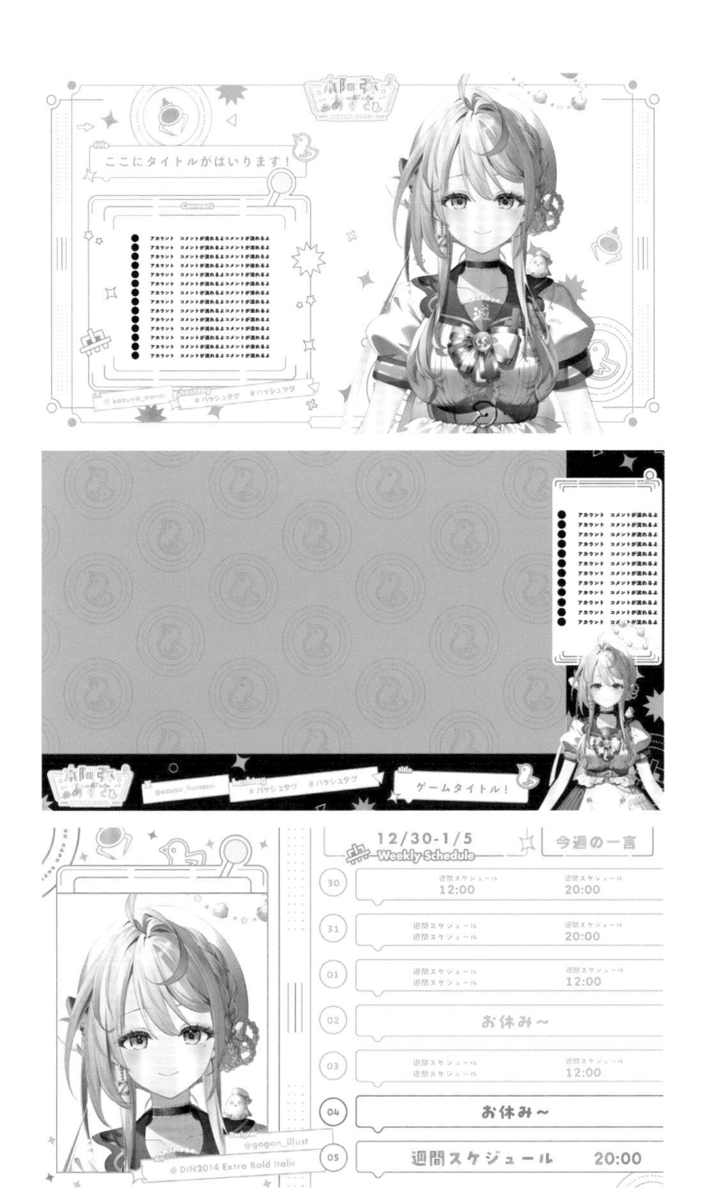

本阿弥(ほなみ)あずさ　デザイン:ごごん　イラスト:りいちゅ

ゲームセンターをイメージし、ネオンと清楚さを合わせて制作しました。ギラつきすぎないのに、キャラクターがしっかりと目立つデザインです。

九埜かぼす

Kuno Kabosu

グラフィックデザイナー

ロゴデザインを中心に、配信画面やグッズデザインなどを制作しています。コンセプトをシンプルに表現するのが得意。クリエイターを集めた企画を多数主催しています。

作るうえでのこだわりは？

VTuberさんのモチーフをたくさん詰め込んで
世界観を表現しつつ、
配信内容に合わせてカスタマイズしながら
使ってもらえるデザインに仕上げています。

羽澄さひろ（YouTube：@HasumiSahiro）　画面デザイン：九埜かぼす　イラスト：夏炉

©VEE

植物が多いナチュラルなお部屋を、というオーダーで作りました。窓の外は透過になっており、お天気や時間を変えていただける仕様となっています。

日和ちひよ（YouTube：@HiyoriChihiyo）　画面デザイン：九埜かぽす　イラスト：ぱん　©VEE

ポップなひよこカラーのお部屋の配信画面です。背景の棚にはひよことにわとりのぬいぐるみが飾ってあります。

朱灯（あかと）となみ　デザイン：九埜かぽす　イラスト：フルバースト

「理想の本棚を作りたい」というVTuberさんの配信画面を作りました。本や栞（しおり）をモチーフに、落ち着いた印象でまとめています。

朱瀬オト　デザイン：九埜かぼす　イラスト：あんらく廂

天使になれることを夢見るVTuberさんなので、儚く綺麗めな雰囲気で作りました。神秘的な空をイメージした背景に、よく見ると羽が舞っています。

せしるすとりあ　デザイン：九埜かぼす　イラスト：Virgo（cobone.Lab）

色味のご希望だけお聞きして、ほぼお任せで制作させていただきました。お姿が映えるよう、うるさくない程度に衣装のデザインをあしらっています。

美菜猫まい　デザイン：九埜かぼす　イラスト：ひさぎ

ガーリーなお部屋の配信画面を作りました。クローゼットには旧衣装がしまわれており、OP（オープニング）に出てくるぬいぐるみも飾ってあります。

那津三（なつみ）ケイト　デザイン：九埜かぼす　イラスト：朝海りんた

長時間見ていても疲れない配信画面を、とのオーダーで作りました。観葉植物や窓の外がゆったりと動く仕様になっています。

恣ノ宮うか　デザイン：九埜かぽす　イラスト：UIIV◇

うさぎやハート、十字架などのパターン背景にスマホのコメント欄を重ねられる、地雷系テイストの配信画面を作りました。

眠月(みづき)ルナ　デザイン：九埜かぽす　イラスト：ヒナモリ

月の神殿をイメージして、神秘的な雰囲気になるように作りました。モチーフのうさぎやリボンのデザインも取り入れています。

夜枕ギリー

Yomakura Gillie

デザイナー

VTuber活動の一環で自分のチャンネルのサムネイルや配信画面を作っていたところ、気がつけば会社を辞めてデザイン仕事中心のフリーランスになっていました。

作るうえでのこだわりは？

企画系のコラボ配信は
要素を詰め込むことが多くなるので、
伝わりやすさとスッキリ感が
両立するように試行錯誤しています。

夜枕ギリー / 鬼山田（おにやまだ） / 音鳴ヨチ / 白キごはん　デザイン：夜枕ギリー　イラスト：Owozora / パワフルマグロ

かなり要素が多い企画を、見やすくなるようにまとめました。誰が何について喋っているのかがわかりやすいように工夫しています。

夜枕ギリー / 千夜イチヤ / バーチャル悪霊　デザイン:夜枕ギリー　イラスト:Owozora / 朱里 / こさつね

サムネイルと連続性のあるデザインを意識しています。教師と生徒という出演者の立場がわかりやすくなるように調整しました。

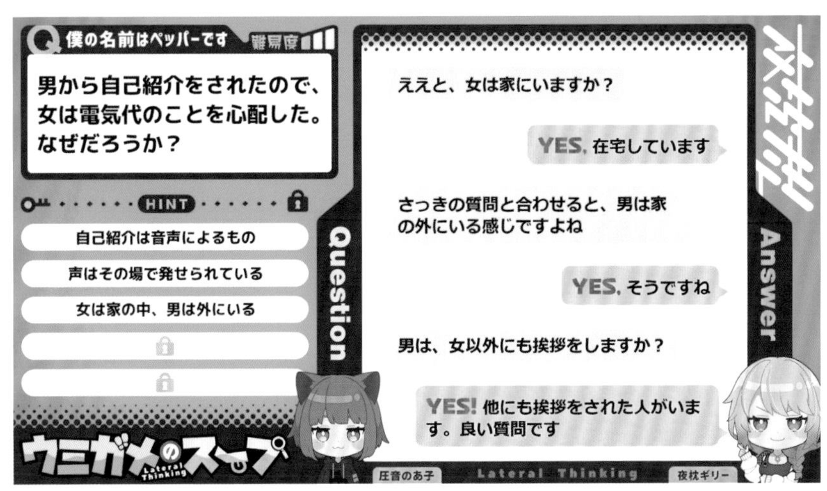

夜枕ギリー　デザイン:夜枕ギリー　イラスト:明日あした

ウミガメのスープという、会話で推理を進めるゲームの動画用オーバーレイです。テンポのよさを演出するために、メッセージアプリ風のデザインを採用しました。

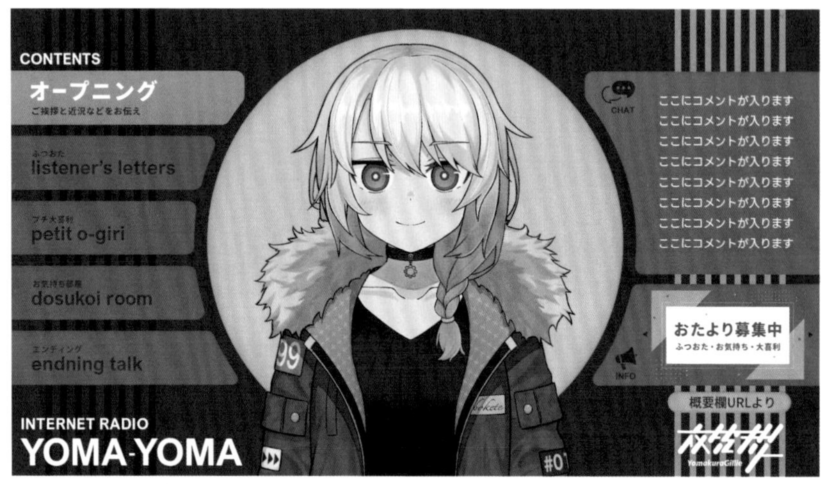

夜枕ギリー　デザイン：夜枕ギリー　イラスト：Owozora

モダンで落ち着いたデザインを目指した、ラジオの配信画面です。画像ではわかりませんが、HTML素材やOBS（配信ツール）のフィルタを利用して、動きのある画面になっています。

夜枕ギリー　デザイン：夜枕ギリー　イラスト：Owozora

とあるプロジェクトの説明配信用に制作しました。白×青で清潔感を出しつつ、厳格になりすぎないように方眼紙や小物でポップさを演出しています。

夜枕ギリー　デザイン：夜枕ギリー　イラスト：Owozora

サムネイルと連続性のあるデザインを意識しています。エリア分けに、矩形(くけい)だけでなく円を使うことでリズムを持たせています。

夜枕ギリー　デザイン：夜枕ギリー

サムネイルと連続性を持たせ、インターネット感&レトロ可愛い雰囲気を目指しました。

えがきぐりこ

Egaki Guriko

グラフィックデザイナー

背景美術を中心としたお絵描き系VTuber。企業個人問わず動画・配信でご使用いただけるお部屋のご依頼をお引き受けしています。

作るうえでのこだわりは？

家具類の配置による生活感や、
朝・夕・夜と光源の向きを変えての
時間がうつろう表現など、
空気感・実在感を大事にしています。

トビ・ウォーレン　イラスト：えがきぐりこ

海賊がテーマのお部屋。船長室をイメージした建物で、天井の半球ドームからの採光が部屋を明るく照らしています。イルカがぶら下がっているのがお気に入りです。

トピ・ウォーレン　イラスト：えがきぐりこ

海賊をモチーフにしたライブステージです。中央と左右のスクリーンには、映像などを表示できるようになっています。奥には海底が広がっていて、現実ではあり得ない景色がバーチャル感があっていいと思います。

猫羽ころん　イラスト：えがきぐりこ

とにかくグッズをたくさん飾って個性を強めました。情報量が多く、賑やかかな印象で楽しさを感じてもらえるのではないかと思います。

千鳥ひな　イラスト：えがきぐりこ

個々のディテールに情報量があるので、家具などが多いわけではないけれど、密度が高い印象を与えていると思います。夜の時間帯はピンクと黄色の間接照明が賑やかで、レースのカーテン越しの外の明かりが特にうまく表現できたと思います。

紙代（かみしろ）なつめ　イラスト：えがきぐりこ

モダンな和風リビングルームはゆったり広めにして高級感を出しました。日本庭園を覗く中央の丸窓が、直線の多い構成にアクセントを与えています。

マイト・カロイ　イラスト：えがきぐりこ

現代に溶け込む近世ファンタジー的世界観のお部屋です。窓の外の高層ビル群との対比が面白さを演出しています。

九龍もも　イラスト：えがきぐりこ

窓から差し込む光と、カラフルでポップな配色で、柔らかい印象が居心地のよさを生んでいると思います。ブラウン管テレビの画面に映り込む窓の光がお気に入りです。

唐揚丸

Karaagemaru

イラストレーター&Live2Dクリエイター

背景イラストをLive2Dで動かした「動く配信用背景」を主に制作しています。

作るうえでのこだわりは?

空間のオリジナリティ性やギミックにこだわりつつも、
依頼主の世界観や立ち絵との親和性を第一に
最後までバランスを調整しています。

きつねさん　イラスト:唐揚丸

マフィアのボスの部屋をテーマに作成した動く配信用背景です。動画上では、隠し扉が開くと武器庫が現れたり、柱の中の水が上下したりなど、ギミック盛りだくさんの空間となっています。

凪乃ましろ　イラスト：唐揚丸

大きな窓が特徴の海辺の洋館をデザインしました。照明が揺れ水槽のクラゲが泳ぐ、動く配信用背景です。夜・夕方・海中などの差分も多数制作しました。

星影ラピス　イラスト：唐揚丸

惑星の飾りや星屑の柱が煌びやかな、プラネタリウムをテーマにした動く配信用背景です。VTube Studioで使えるLive2Dデータで12星座の表示や切り替えも可能です。

陸稲おこめ　イラスト：唐揚丸

動く配信用背景として制作したゲームバーです。落ち着いた雰囲気でありながら、ゲーム要素を各所に取り入れ、店主の趣味がうかがえるギーク感を詰め込んだ空間となっています。

たみー（民安ともえ）　イラスト：唐揚丸

夏の海を走るリッチなクルーザーをデザインしました。ゆったりと景色が流れ、さわやかな風を感じるよう揺れものの動きにこだわった動く配信用背景です。

カグラナナ　イラスト：唐揚丸

星明りをテーマにした動く配信用背景です。星、月、惑星モチーフの照明がきらめき、キャットタワーで猫がくつろぐ可愛らしいお部屋となっています。

柩崎ティナ　イラスト：唐揚丸

ダンピール（人間と吸血鬼の混血）のお姫様の住むゴシックルームです。動く配信用背景となっており、吊り物や棺桶が動き、鏡から飛び出すコウモリなど、ギミック豊富に仕上げました。

素材屋あいりす

sozaiyairis

商用利用可・報告不要のフリー素材サイト「素材屋あいりす」です。背景や配信オーバーレイのほか、トランジションなどのイラスト・動画素材を公開しています。

作るうえでのこだわりは？

用途に合わせてカスタマイズもできる余地を残した
柔軟で使いやすい
オーバーレイ素材を目指しています。

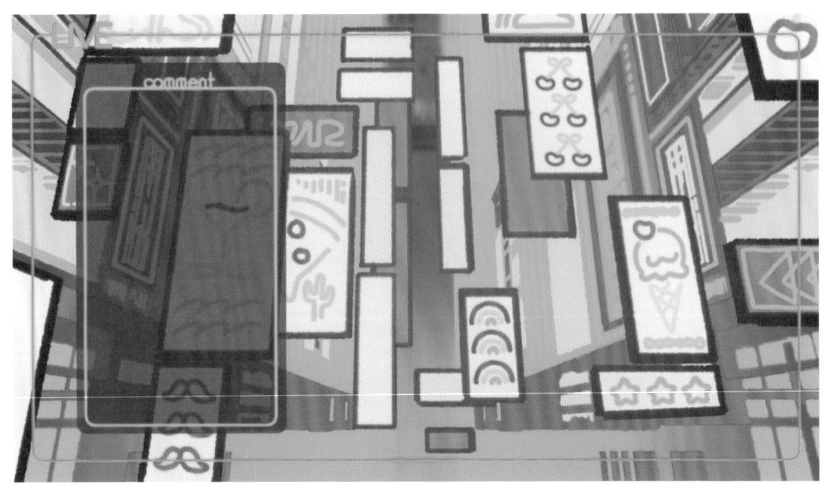

ネオン街の配信画面　デザイン：素材屋あいりす

背景・フレーム・コメント枠とパーツ別に分かれていて、個別で使用することもできます。

中華風のゲーム配信画面　デザイン:素材屋あいりす

雑談とゲームで配信を切り替えたときに統一感が出るように、バランスを考えながら制作しました。リクエストの多い中華風のデザインは、セットで使えるゲーム配信画面も公開しています。

水墨画風の配信画面　デザイン:素材屋あいりす

画面が暗くなりすぎないように、差し色として赤い花を追加しました。

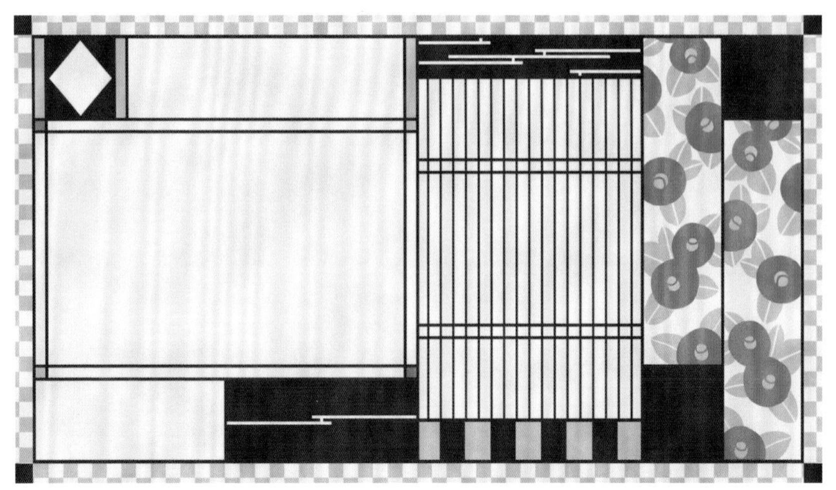

大正浪漫な配信画面　デザイン：素材屋あいりす

タイトルやコメント、ロゴ、SNSのIDなど、画面上に必要な要素を意識して余白を作りました。

ピアノが弾けるお部屋の背景　デザイン：素材屋あいりす

手前のピアノと背景で分かれており、ピアノの前に座っているような画面作りができます。

和モダンなこたつとお部屋の背景　デザイン：素材屋あいりす

手前のこたつと背景で分かれており、こたつに入っているような画面作りができます。

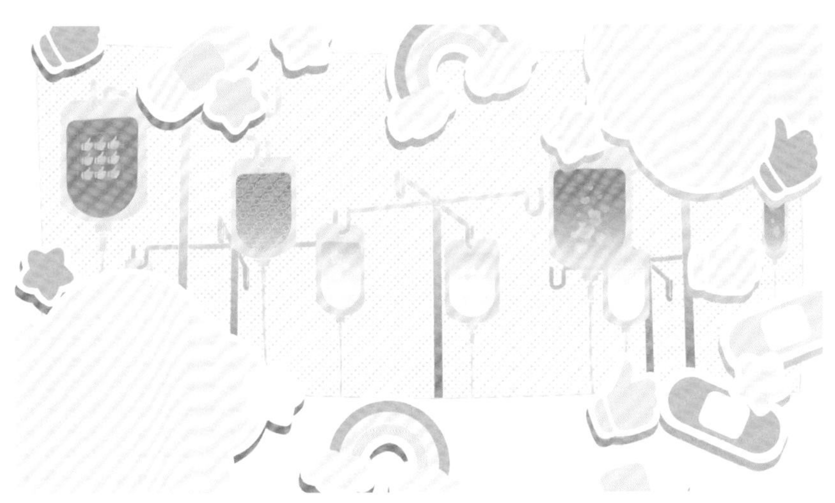

やみかわいい背景　デザイン：素材屋あいりす

左下と右上に余白を作って、配信画面としても使えるようにしました。

COLUMN
巻末コラム

クリエイター系VTuberに聞いてみた

配信活動をしながらキャラクターデザイン、イラスト制作を両立している クリエイター系VTuberにインタビュー

ミア=アンベル

Mia=Unveil

クリエイター系VTuber&Vライバー。イラスト、Live2D、3DCGなどを制作しています。ニッチなキャラクターデザインが好きです。

クリエイター系VTuber（配信者）になったきっかけは？

当時在学中だった学校が主催していた「魂募集」（キャラクターの中の人を募集すること）のオーディションに、友人の勧めで参加してみたことです。それまでは個人のイラストレーターとして細々と活動していました。

作業・制作配信で気をつけていることは？

ただ見るだけではなく、見てくれる方が何かしらの形で作品に関われるようなイベントや企画を考えたり、一定の縛り（時間や色、描き方など）を設けたうえで作画にチャレンジしたり……。興味を持ってもらうにはどんなものがあればいいだろう？　といつも頭を悩ませており、それが楽しくもあります。

ほなみり

honamiri

イラストレーター&Live2Dモデラー。17LIVEにてVライバーとして配信活動もしています。

クリエイター系VTuberとして活動してよかったことは？

一番よかったのは、SNSのみで活動していたときよりも、自分の人となりや仕事に対する姿勢を伝える機会が増えたことで依頼者からの「信頼」を得やすくなった点です。また、セルフ受肉V（自作のVTuberモデルでVTuberになること）として、配信中にイラストとモデリング両方の宣伝も兼ねて発信できていることは、大きなメリットになっています。

作業・制作配信で気をつけていることは？

無言になる時間が少なくなるように気をつけています。配信者として視聴者の皆さんを楽しませたい気持ちがありますし、通常の作業配信だけでなく、配信を見に来てくれたライバーさんを描く企画や、リクエストを募って視聴者の皆さんの推しを描く企画の開催など、いくつもの工夫をしています。

COLUMN
巻末コラム

プロクリエイターに聞いてみた

アイデアの着想はどこから？

九埜かぽすさん

アナログでマインドマップを作ることが多いです。
深く考えずにとにかく手を動かして広げていきます

夜枕ギリーさん

要素や関連する単語をメモに書き出して並べたり、
類語辞典を引いたりします

素材屋あいりすさん

できる限り情報を集めて、理解を深めることから始めます

花城まどかさん

制作するキャラがいそうな風景写真を背景にして、
勝手に決めたイメージ曲を聴きながら案出ししています

ごごんさん

「30秒」手が止まったり考えても出なかったりしたときは、
立ち止まってPinterestや作品集を眺めます

色塩さん

映画、特に洋画を参考にします。
1980年代のアメリカのファッションを研究したり、
ミュージカルやショーを見て、服に合わせた動きを研究したり。
コレクション、お洒落系の通販サイトなど、
現実世界の洋服も見ます。思考のリセットも兼ねられます

モチベーション維持のコツは？

僵尸パアさん

難航している制作物と全く違うジャンルの作品を見まくって
いったん思考をリセットするか、それでもダメなら
散歩か買い物して自分の中の欲を満たします

唐揚丸さん

次にどんな作品を作ったら楽しいか？　を常に考えています。
制作サイクルの維持にも繋がりますし、
技術アップの原動力にもなっています

白ぬこさん

こまめに休憩を入れることで集中力が維持されやすいので、
短い休憩を頻繁に入れています。具体的に言うと、ポモドーロ・テクニック（25分作業→5分休憩）などがあります

沙雨イニさん

行き詰まったときには、まずはインコに遊んでもらいます。
もうどうにもならないときは、週末のトレッキングが効きます

えがきぐりこさん

座り仕事なので、散歩など体を動かすことを取り入れています。
気分転換に趣味の絵を描いたりもしますね

一束さん

やるべき事をリストにして管理しているのですが、
完了のチェックを増やしたい気持ちが
モチベーション維持の一端になっています

監修　小栗さえ

VTuber向けのデザインを発信する団体「VTubers*Atelier」代表。「バーチャルデザイン研究所」代表。VTuber向けのWebサービスやツールの制作、大型企画・番組制作、タレント事務所運営、コミュニティマネジメント、コンサルティングなどVTuber業界で多角的に活動中。編集統括として制作した『VTuberデザインブック』（クラウドファンディングによる出版プロジェクト）は即重版がかかり、VTuberの間で話題となる。

VTuber（ブイチューバー）デザイン大全（たいぜん）

あなたの魅力（みりょく）を引（ひ）き出（だ）すアイデア集（しゅう）

2024年5月22日　初版発行
2024年9月 5日　再版発行

監　修　小栗（おくり） さえ
発行者　山下 直久
発　行　株式会社KADOKAWA
〒102-8177
東京都千代田区富士見2-13-3
電　話　0570-002-301（ナビダイヤル）
印刷所　TOPPANクロレ株式会社
製本所　TOPPANクロレ株式会社

本書の無断複製（コピー、スキャン、デジタル化等）並びに無断複製物の譲渡及び配信は、著作権法上での例外を除き禁じられています。また、本書を代行業者などの第三者に依頼して複製する行為は、たとえ個人や家庭内での利用であっても一切認められておりません。

●お問い合わせ
https://www.kadokawa.co.jp/
（「お問い合わせ」へお進みください）
※内容によっては、お答えできない場合があります。
※サポートは日本国内のみとさせていただきます。
※Japanese text only

定価はカバーに表示してあります。

©Sae Okuri 2024 Printed in Japan
ISBN978-4-04-606804-0 C0070